JN045901

原発亡国論

3・11と東京電力と私

福島原発のメルトダウンを予見した元・東電原子炉設計者
木村俊雄
TOSHIO KIMURA

駒草出版

序章

「原発再稼働」という過ちから立ち戻るために……
いま、私たち日本人のセンスが問われている

２０１１年３月11日の東日本大震災から、10年という月日が流れた。

２０２０年は、本来であれば、夏には東京オリンピック・パラリンピックが開催されるオリンピックイヤーとなるはずであった。

２０１３年９月７日、アルゼンチンのブエノスアイレスで開かれたＩＯＣ総会でその招致が決まった瞬間から、おそらくこの東京オリンピック・パラリンピックを大きな経済的チャンスと見定めた多くの人々、多くの金が動き出していたはずだ。

国内各地に外国人観光客が溢れるインバウンドによる経済効果を始め、連日好景

気への予兆を声高に報じたメディアも少なくなく、多くの国民が明るい未来の訪れを夢見たのは当然のことだと私も思う。

しかし、現実はそうならなかった。

日本経済の希望の星であったはずの一大スポーツイベントは、COVID-19というウイルスの流行によって1年間の延期に追い込まれた。

いや、今日の状況を踏まえると、単なる延期で決着すれば、それは十分にハッピーエンドといえるだろう。

この原稿をしたためている2021年年始の現状では、果たして年内の開催ができるのかどうかすら、まったく見通せてはいないのだから……。

オリンピック・パラリンピックが延期となったことだけではない。

未知のウイルスの襲来によって、いまも世界中で毎日多くの命が奪われ、国境を跨ぐ往来の道はほぼ封鎖されている。

この「今」という未来を誰が予測できただろう。

私たちの日常生活も大きく様変わりした。

夏は猛暑の中でもマスクをして往来するのが当たり前となり、年の瀬を迎えても忘年会などの宴席は禁忌とされ、それどころか平凡な会食すらままならない私たち。

一年前であれば、当たり前だったはずの生活様式が一変してしまうことなど、誰が予測できただろう。

それはまさに「想定外」であったに違いない。

しかし、その災禍は現実に起こり、いまも私たちはその惨事の只中にいる。


それなのに、私はこんなふうに考えてしまうのだ。

『どうせ、みんなすぐに忘れるさ……』

なぜなら、**たった10年しか経過していないにも関わらず、私たち日本人は自分たちが危うく滅びかけたあの事故のことを忘れてしまった**のだから。

東京電力・福島第一原子力発電所事故。

あの事故があと一歩、悪いほうへ転がっていたら……この国は滅んでいたのだ。

◉原発事故はいまだに原因すら断定されていない

東京オリンピック・パラリンピックの招致が決定した前出のＩＯＣ総会の会場で、当時首相だった安倍晋三氏は高らかにこう宣言した。

「Let me assure you , the situation is under control.（フクシマの状況は、コントロール下にあることを私が保証します）」

くわしくは後述するが、事故から10年が経った現在でも、福島第一原子力発電所事故はその原因すら解明されていない。

原発の現場を知るエキスパートとして、私はいくつかの原発事故関連の訴訟に関わっているのだが、いまでも**事故原因が津波であるとは断定されていない**のだ。

仮に、この事故を引き起こした**原因が津波ではなく、地震の揺れであった場合には、東京電力は重大な法令違反に問われる可能性が出てくる**ことになる。

つまり、事故原因の解明は、原発再稼働問題を考える上での最重要事項なのだ。

しかし、原発事故から2年半しか経過していなかったIOC総会において、事故原因すら解明できていない状況であるにもかかわらず、私たちの国のリーダーは「フクシマの状況は、コントロール下にある」と全世界に向けて宣言してしまった。国会で事実と異なる答弁を平気でくり返す彼のことであるから、驚くに値しないが、この宣言を耳にした私は怒りを通り越して、もはや失笑するしかなかった。

◉「経済を回すために……」という言葉に騙(だま)されてはいけない

現在のコロナ禍において、多くの政治家が異口同音にこういっている。

「経済を回すために……」

この言葉は、**国民の安全よりも国の経済を優先させるべく政策を推進したいときに、まるでテンプレートのように使われている常套句(じょうとうく)**だ。

コロナ禍において、この言葉を号令に推し進められる政策が正しいのか、否かについては、本書の趣旨とは関係ないので言及しないが、原発の是非を問う席でも同じようなフレーズが多用されている。

「原子力エネルギーは、コストが安い」

実際に太陽光や火力と比較して、原子力の電力コストが安いわけはないのだが、百歩譲って**原子力エネルギーが安いと仮定しても、読者のみなさんには、原子力発電を選択するということが完全な過ちであることに気がついてほしい**のだ。

私はただその一念を持って、いま本書の原稿に向き合っている。

この本は、私の願いであり、祈りでもある。

幼い頃から母とともに福島の地で暮らし、東電学園を卒業後、私は長年にわたって、福島第一原発の原子炉の設計、管理、運転に携わってきた。

私が育った町は原発マネーで潤い、生きていた。

思い返せば、私が東京電力へと進んだのは自然なことで、宿命でもあったろう。

しかし、ある日、**私は人類の未来を破壊しかねない巨悪の片棒を担ぐことで、自分が日々の生活の糧（かて）を得ていることに気づき、愕然（がくぜん）とし、嫌気がさした**のだ。

原発とは、電力エネルギーと引き換えに大量の核廃棄物を吐き出す巨大な機関だ。1機につき、およそ70〜130トンの核物質を孕（はら）む原子炉からは、たとえば少量とされる70トンの燃料に対しても、1年間にその4分の1となる17・5トン程度の核廃棄物がゴミとして生まれてくる。

同じ猛毒の物質であっても、ダイオキシンであれば高温で燃やすことで消し去ることができるが、この核廃棄物というゴミは、その線量によっては人の命を一瞬で奪いかねない放射線を放ち続けているにも関わらず、これといった処理法もないいま、万年単位で維持管理しなければならない厄介者だ。

原発のエキスパートとして断言するが、**核廃棄物とは絶対に人類が共存できないシロモノ**なのである。

私は、福島第一原子力発電所において、人々の暮らしと経済活動を支える大きなエネルギーを生み出しつつも、人間が決して共存できない核廃棄物を吐き出し続ける現場を目の当たりにし、その所業に長年加担してきた人間だ。

そんな私が、多くの友人たちのいる東京電力に別れを告げ、この悪の所業を告発する側へと回ったのは2000年のことで、それは福島第一原子力発電所事故が起こる11年前のことだった。

◉「メルトダウンを予見した唯一の人物」としての私

東京電力を退職後、私はすぐに原発の危険性を訴え始めた。

2005年に発行されたミニコミ誌に、私は次のような文章を寄稿した。

津波来襲により、冷却用海水ポンプや非常用の電源などの機能が喪失するだろうから、結果的には炉心は融解するであろう

（小さなくらしの会発行　2005年1月発行第8号「小さなくらし」より引用）

しかし、当時の日本には、私の話に耳を傾ける人はほとんどいなかった。

そして、その6年後の3月11日に私の予見は残念ながら現実のものとなった。

原発事故の直後、この原稿は再掲載されることとなり、私は「津波による福島第一原子力発電所のメルトダウンを予見した唯一の人物」とされ、日本だけでなく、多くの海外メディアからも取材や出演依頼を受けることとなったのだ。

◉原発再稼働は許されない重大な過ちである

原発を止めるべきか、続けるべきかを考えるとき、その現場に身を置き続けてきた私からいわせてもらえば、コストが安いとか、経済効率がよいといったことは問題ではない。

私たちだけでなく、**子々孫々の将来、未来に暮らす人類に対して、自らの力では処理できない負の遺産を残し続けることが許されるはずはなく、この一点だけに着**

目すれば、いかなる立場の人間であっても、ひとつの答えにたどりつくはずだ。
もちろん、その答えとは**「原発はただちに止めるべきだ」**ということである。

経済性云々など、どうでもよいことなのだ。
読者のみなさんは、どうか騙されないでほしい。
「原子力エネルギーは、コストが安い」
そう連呼して、とにかく原発を動かしたい電力会社や経済産業省の人たちがくり出してくる数値には、私たちの子々孫々にいたるまでの将来、これからの人類が暮らす未来へと負の遺産を残し続けることによる経済的損失は含まれていないのだ。

忘れないでほしい。

もう一度、思い出してほしい。

巨大地震の直後、原発事故の一報を初めて耳にしたときに、あなたが感じた恐怖を。

地球上に原発が存在する限り、あの恐怖の瞬間はいつかまたくり返されるだろう。あの事故によって、私たち日本人が滅びかけたことを決して忘れてはいけない。

我が国の原発は、福島第一の事故原因も十分解明されないまま、**川内**（せんだい）**原発**（鹿児島県）、**高浜原発**（福井県）、**玄海原発**（佐賀県）、**大飯**（おおい）**原発**（福井県）……と次々と再稼働している。

これは、許されない重大な過ちである。

いま、この原発再稼働という過ちを改め、すべての原発を廃棄するという重大かつ大切な選択をするためには、私たち日本人のひとりひとりが、地球というひとつの家に暮らす人類のひとりとして、自らのセンスを磨かなければならないのだと切に思う。

木村俊雄

原発亡国論　もくじ

第2章 「東京電力」で津波を想定することはタブーだった —— 45

第3章

元原発エンジニアである「私」が反原発の旗を振る理由

第4章

企画・プロデュース　西田貴史（manic）
装丁・デザイン　松田剛（東京100ミリバールスタジオ）

第1章

「3・11」を経験しても『自分さえよければいい』日本人

◉核廃棄物は未来の人類へと問答無用に押しつけられる

序章において、原発再稼働問題を考えるときに、そのコストや経済性などは問題ではなく、原発はただちに止めるべきだといった。

その根拠はとてもシンプルで、核廃棄物は絶対に人類とは共存できないものだからだ。

このことについて、もう少し丁寧に説明したい。

やや専門的な話もしなければならないが、原発がいかに危険なものであるのかを読者のみなさんに理解していただくために必要不可欠なことなので、なるべくわかりやすく、嚙み砕いてお話するので、どうかお付き合いいただきたい。

長年の間、私は福島第一原子力発電所において、原子炉の設計と管理に携わった。

「設計」というと、図面を引いて機械的な構築をおこなう業務と思われがちであるが、私が担当していた**設計の仕事とは、燃料を安全かつ効率よく燃焼させるためにおこなう「炉心設計」のこと**をさす。

炉心設計の目的とは、簡単にいえば
「いかに安全設計の範囲内で交換する燃料を少なく抑えるか？」

ということだ。

たとえば、ひとつの原子炉に入れる「燃料（燃料集合体）」を400本と仮定しよう。燃料の交換は、およそ1年に1度おこなうのだが、1年間使い続けた400本の燃料のすべてを廃棄して、新しい400本に交換するわけではない。

400本であれば、だいたい100本程度……つまり4分の1程度の燃料を廃棄して、その分新しい燃料を補充するというのが普通のやり方だ。

とはいえ、機械的に100本をただ交換すればいいわけではなく、そこには設計を担当するエンジニアの腕が大きく影響してくる。

まず始めに、廃棄する燃料を選び出して、新しい燃料と交換する。

次に、新しい燃料と残した燃料の配列を決めるのだが、うまく配列できればそれぞれの燃料が平均的に燃焼して、少ない燃料交換本数で1年間効率よく核分裂できる。

この燃料の配列の妙が、設計する担当者の腕の見せ所となる。

手練(てだれ)のエンジニアがおこなえば、翌年に交換する燃料の数を少なく抑えることができるのだが、未熟なエンジニアだと交換する燃料の数が多くなってしまうのだ。燃料は、ただガンガン燃やせばいいわけではなく、出力が高くなり過ぎると燃料そのものが壊れてしまい、燃料が浸されている水の中に核分裂の生成物ができてしまうため、極めてまずい状況になる。

効率よく出力させて、少しでも交換する燃料を減らすことで燃料費を浮かせることが炉心設計という仕事の重要な任務である。

東電時代、私はより少ない燃料交換数を実現させる標準的手法を確立させた。

ただ、どんなに**効率よく燃焼させても、1年後には4分の1程度の燃料は使用済みとなり、廃棄しなければならない。**

すでに述べたとおり、この核廃棄物は極めて危険な放射能を帯びており、人間の力ではどうにもできないシロモノだ。

何万年もの間、ただ維持管理していくしか、いまの人類にはできない。

人間の寿命は長くてもだいたい１００年程度だから、**核廃棄物をみなさんの子ど**

も、孫、曾孫、……そして、これから生まれてくる未来の人類へと問答無用に押しつけることになる。

原発の運転を許している以上、その責任は現代に生きる全人類にあることを私たちは自覚しなければならない。

◉ウランは核的反応を引き起こせば「猛獣」に変わる

危険なのは、もちろん核廃棄物だけではない。

いうまでもなく、原発そのものが最も危険だ。

いかに原発が危険であるかを知っていただくために、核燃料の話をしておきたい。

核燃料の最小単位は**「ペレット」**と呼ばれるものだ。

簡単にいえば、ペレットとは**「ウラン」**という鉱物を焼き固めたもので、約1㎝四方の小さな円筒形をしている。

ペレットに含まれるウランの配分は、大部分が**「ウラン238」**で占められていて、ほんの3〜7％だけ**「ウラン235」**が含まれる形で構成されている。

しかし、実際に**核分裂する放射性同位体（ある元素のうちで、放射線を放出する能力がある物質を指す）は、微量しか含まれていないウラン235**のほうだ。

この**ウラン235は、とてつもないエネルギーを放つ、いわばモンスター**であって、約1㎝四方の小さな**円筒形のペレットひとつで、2000〜2500キロワットの電力エネルギー**が生み出される。

その電力量は、**いち家庭の約8か月分の消費量**に相当する。


ペレットは**「燃料被覆管」**という細いパイプの中に一列に整列して詰め込まれ、その1本が**「燃料棒」**と呼ばれるものだ。

この燃料棒を9×9＝81本、また17×17＝289本のように束ねた**「燃料集合体」のことを、私たちエンジニアは『燃料』と呼んでいた。**

ひとつの燃料（燃料集合体）には、**「チャンネルボックス」**と呼ばれる金属製の筒が被せられていて、その内部には冷却水が流れるシステムとなっている。

核燃料の仕組み

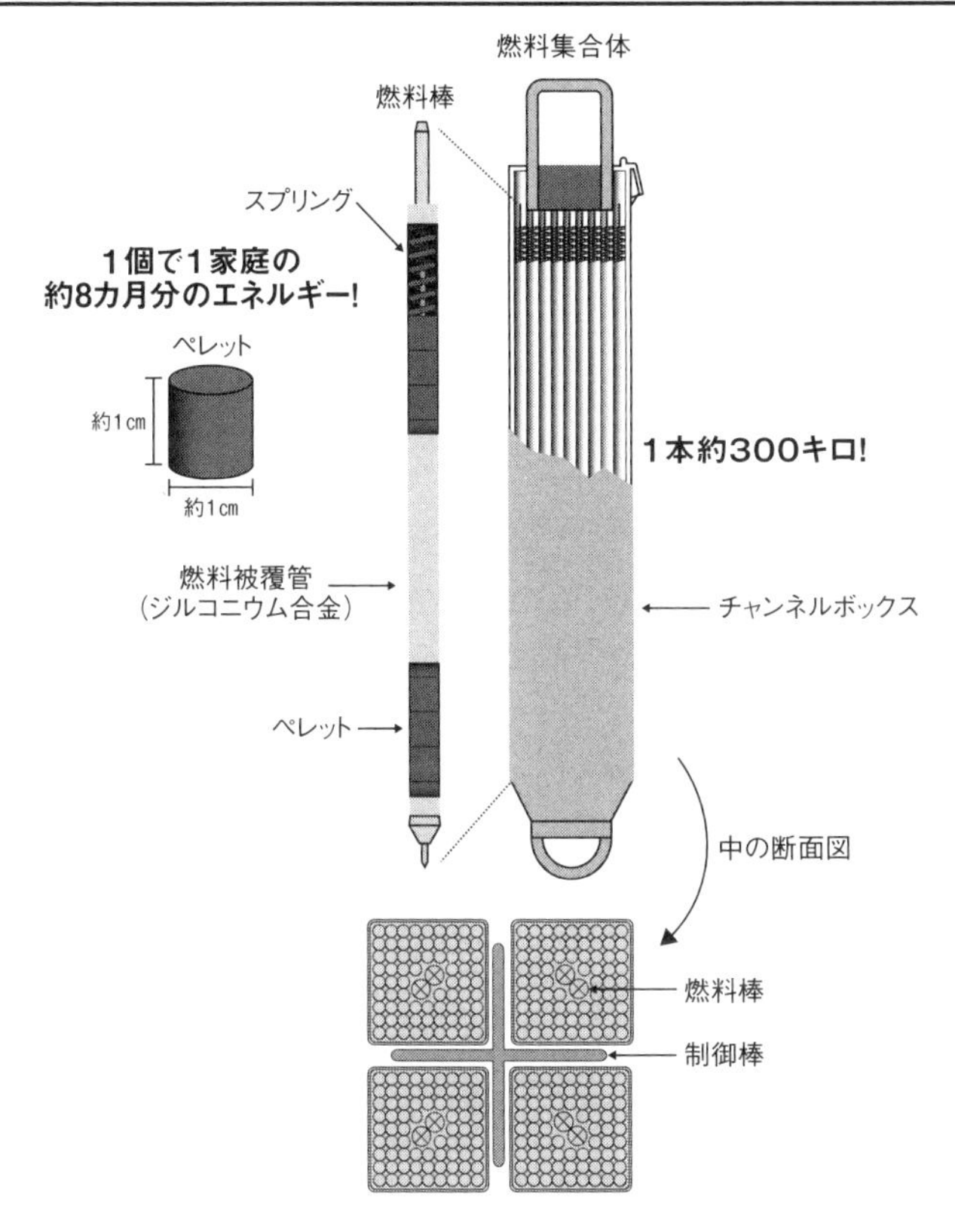

【電気事業連合会「原子力・エネルギー図面集2014　5-1-7 燃料集合体の構造と制御棒」を参考に作成】

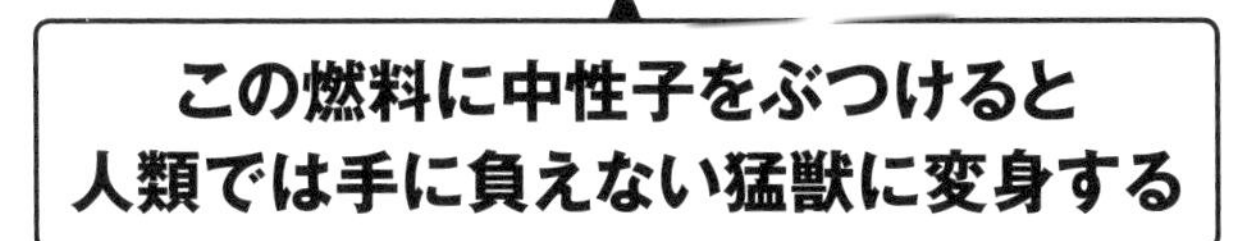

ひとつの燃料のサイズは、12㎝四方×長さ3・8m程度で、その重量はおよそ300㎏もある。ひとつの燃料の中に含まれる、核物質そのものの重さは約180㎏程度であるが、炉心内での生成と崩壊の反応により、その約2％程度が**超ウラン元素である「プルトニウム」**などになる。

安定しているウラン238に中性子がぶつかると、核分裂せずに中性子が吸収され、不安定な超ウラン元素が生成される。

自然界に存在する比較的安定している物質に中性子をぶつけることで、自然界に存在しない不安定な物質へと変性させるわけだ。

不安定な物質は、安定しようとしてもがき暴れ狂う。

このもがき暴れるときに、放射線を出すのだ。

安定しているウランに中性子が当たると分裂、または吸収の反応が生じて「生きもの」に変わるといっていい。

それは、**私たち人間が近寄れば、瞬殺されてしまう猛獣**である。

原発推進派の人々は、この恐ろしい猛獣を手懐けたと誤解しているがそうではない。実際は、**「絶対に壊れないと錯覚している檻」に閉じ込めているに過ぎない**のだ。冷静な判断ができる人であれば、あの日に……2011年3月11日に、その錯覚から目覚めたはずだ。

あの日、あと一歩悪いほうへ転がっていたら……この国は滅んでいた。

今日の日本があるのは、単に運がよかっただけだ。

それ以前にも、1979年3月28日のスリーマイル島原発事故、1986年4月26日のチェルノブイリ原発事故など、私たちが錯覚から目を覚ますチャンスは何度もあった。**絶対に壊れないはずの檻は、過去に何度も脆く崩れ去っている**のである。

しかし、私たちは、たった10年でまた、錯覚に満ちた夢の中に戻ってしまった。

脅かされる危険は、地震や津波だけではない。

たとえば、2013年2月15日にロシアのチェリャビンスク州を通過した巨大な隕石は、その衝撃波だけで大きな人的被害をもたらしたが、あのような隕石がもし原発に衝突すれば……猛獣は檻から飛び出し、私たちを喰い殺すに違いない。

◉『自分さえよければいい』という低レベルの発想が原発再稼働を許している

福島第一原子力発電所事故を顧みることなく、川内原発、高浜原発、玄海原発、大飯原発……次々と**原発が再稼働していることを許している私たちが負い目を感じなければならないのは、未来の人類だけではない。**

この地球上に棲んでいるその他の生物、植物たちにも、私は申し訳ないと思うのだ。

事故後、原発周辺の避難対象地域からは、10万人以上の人々が家を追われたが、**声を上げられないまま死に、枯れ、命尽きた生物や植物も少なくなかったはずだ。**

生態系の食物連鎖における戦い、弱肉強食の世界に棲んでいる彼らにとっても、原発事故による絶命は本意ではないだろう。

ただでさえ、私たち人間の侵略によって狭められてしまった小さな自然の中に棲む彼らを、さらに追い込んでしまったことにも心を傾けなければならないと思う。

いま、この時代に生きる人類が**未来の人類に対して、また同じ地球の住人である**

生物や植物に対して、原発による害や核廃棄物を押し付けることを容認することは、『自分さえよければいい』という極めて傲慢で自分勝手な考え方だとは言えないだろうか？

現在のコロナ禍においても、政治家がくり返す「経済を回す」という言葉に騙され、いま私たちはなお一層厳しい冬に直面している。

原発も同じことだ。

現在の世相を見ていると、原発事故のデジャヴを見せられている錯覚に陥り、私は眩暈がする思いだ。

「原子力エネルギーは、コストが安い」

などという嘘に騙されてはいけない。

いかなる理由であれ、「原子力を選択する」という重大な過ちは、いまこそ私たちの手で正さなければならない。

◉原発再稼働を許す心には電気を無駄使いする奢り(おご)がある

「原子力エネルギーは、コストが安い」

「経済を回すために必要だ」

などという「経済至上主義者」のような人物がみなさんの前に現れたら、こう言ってやればいい。

「原子力がないならないで、その『ない世界』で経済を回せばいい」

所詮、彼らは自らの損得勘定には敏感であっても、未来の人類へ負の遺産を残すことによる経済的損失については、まったく鈍感な連中なのである。

厳しい言い方になるが、話す価値のない、極めて知的水準の低い人間だといわざるを得ない。また、彼らはときに次のように口走ることもある。

「電気のない原始の時代に戻る気か?」

もし、そんなことをいわれたら、すぐにそいつからは離れたほうがいいだろう。

断言するが、**たとえ原発がなくなっても、私たちの生活は大して変わることはない。**

電気やガスのない時代、主なエネルギーは薪（まき）や炭であった。

家庭においては囲炉裏や火鉢の火を絶やさず、晩になれば灰を被せて熾火（おきび）を残し、翌朝はそれを種火にして火を起こすところから1日が始まっていたが、原発を止めたからといって、私たちの生活がその時代まで戻ることなどはあり得ない。

実際、福島第一原子力発電所事故のあと、すべての原発が安全審査を理由に運転を停止してから、２０１５年8月11日に川内原子力発電所1号機が再稼働するまで、国内の原発による電気エネルギーは皆無であったが、事故直後の東京電力管内、および夏場の東京電力・東北電力・関西電力の各管内における輪番停電以外は、ほとんど影響はなかったはずだ。

輪番停電は、原発の一時停止による影響ではあったものの、あくまで一過性の現象であって、そもそも原発再稼働の是非とは無関係のことだと私は思う。

むしろ、電気を垂れ流すように無駄使いし過ぎる生活習慣が身についてしまった現代人にとっては、電気という大切なエネルギーのありがたみを知る上ではよい機会となったのではないだろうか。

電気エネルギーは、決して無尽蔵ではない。

原発再稼働を許してしまう心の奥底には、電気を無駄使いする生活習慣にどっぷり浸りきってしまった私たちの奢りが沈殿しているのだ。

まず、どんなエネルギーでも大切に、大事に使う意識を持とうではないか。

◉電気には「電気にしかできないこと」をお願いする

私たちの日々の生活は、さまざまなエネルギーによって支えられている。

電気やガス、オイル（ガソリンや灯油、重油など）などが代表的なものだと思うが、その用途には適材適所、向き不向きがある。

しかし、電力会社は**「オール電化」**を進めている。

電気の使い方にも向き不向きがあるにも関わらず、電力会社はすべての生活活動において電気を消費させようと目論んでいるわけだ。

ガスやオイルとは異なって、電気は直火を使わないため、その**安全性の高さを謳って推し進められるオール電化は、私たちの自由を奪う企みという一側面がある**ことにも気づかねばならない。


講演に招かれたときに、私はよくこう訴える。

「電気には『電気にしかできないこと』をお願いしましょう」

電気に向いている使い方……電気にしかできないこととは、何か？

まず、**電気の役割として、最も価値が高いといえるのは「照明」**だ。

電気照明が発明される以前は、明かりといえば「火」そのものしかなかったので、いつ何時も火災の危険にさらされ、また、明るさの調整などもほとんどできなかった。テレビやスマートフォンにいたる文明の発達も、電気による照明の進化の延長線上にあるといえるだろう。

次に**モーターなどの「電動機」を動かすエネルギーとしての利用**だ。

電動機は、生活家電やパソコン、車など、ありとあらゆるものに搭載されている。

照明と電動機、この2つの役割にこそ、電気の真骨頂があると私は思う。

◉電気を熱に変える電化機器は文明の利器ではない

では、逆に電気に不向きな使い方とは何か？

それは「電気を熱に変える」使い方だ。

具体的にいえば、エアコンや電気ストーブ、電気カーペットなどの暖房器具、ＩＨ（電磁調理器）のクッキングヒーターや炊飯器、電気ポット、電子レンジなどの調理器具がこれに当たる。

ちなみにエアコンの冷房使用は、暖房よりも消費電力が小さく、他のエネルギーでの代用も難しいので、例外的に「電気に向いている使い方」としてよいだろう。

同じ理由で、冷蔵庫もＯＫだ。

「電気を熱に変える」ことが禁忌である第一の理由は、エネルギーロスの問題だ。

東日本大震災以前でいえば、日本の電源構成は、およそ火力発電が60％、原子力発電が30％、水力発電が10％となっていた。

震災後、原子力が０％となり、その分を火力が補って90％となった。

つまり、**約90%の電力は、「熱エネルギーを電気エネルギーに変換」する、火力や原子力による発電が占めている**ことになる。

一部の原発が再稼働され、太陽光や風力による再生可能エネルギーが推進されつつあるいまでも、この割合はほぼ変わっていないだろう。

くわしくは、41ページの図解を見ていただきたいのだが、**火力や原子力によって熱エネルギーを電気エネルギーに変換するときには、膨大なエネルギーロスが発生**してしまう。

長年の間、日本の主電源となっている火力発電を例に考えると、燃料であるLNG（液化天然ガス）や石油などを燃やして電力を得る段階で、なんと**約60%ものエネルギーロス**が発生しているのだ。

また、**送電線によって家庭に運ばれるまでに、さらに約5%のロス**が発生するので、合計すると**約65%ものエネルギーを犠牲にして電気エネルギーは生み出されている**という事実を消費者は知っておかなければならない。

ほぼロスのない形で家庭に届く**ガスに比較すると、電気は極めてぜいたくで貴重**

なエネルギーであることがおわかりいただけるだろう。

膨大なエネルギーロスという犠牲を払ってまで、熱エネルギーを電気エネルギーに変換したにもかかわらず、その**電力を再び熱に戻してしまえば、さらなるロスを生むわけで、極めて非効率でエネルギーを無駄にし過ぎている**といわざるを得ない。

つまり、**電気を熱に変える電化機器は、真なる文明の利器ではない**のだ。

くり返すが、電気とは最もぜいたくで貴重なエネルギーだ。

「電気には『電気にしかできないこと』をお願いしましょう」

と私が訴える理由は、まさにここにある。

「電気を熱に変える」ことが禁忌である第二の理由は、消費電力の大きさの問題だ。

電気エネルギーによる暖房や調理は、とにかく多くの電気を喰う。

およその目安だが、エアコンは800ワット、電気ポットは1000ワット、クッキングヒーターとなると1900ワットもの電力を消費してしまうのだ。

電気はエネルギーロスの大きい貴重なもの

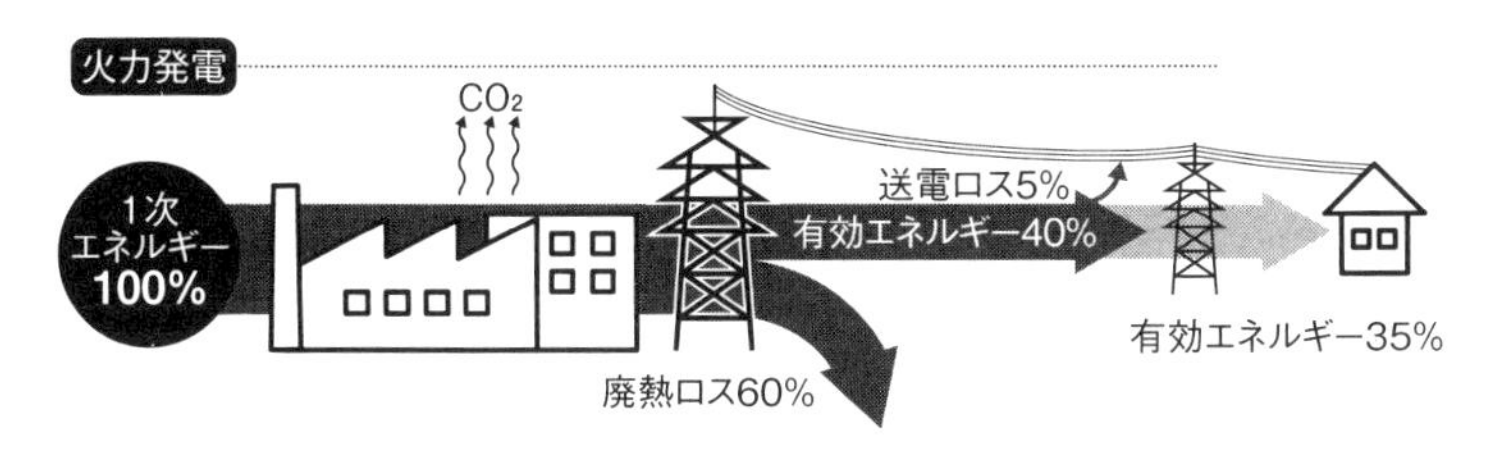

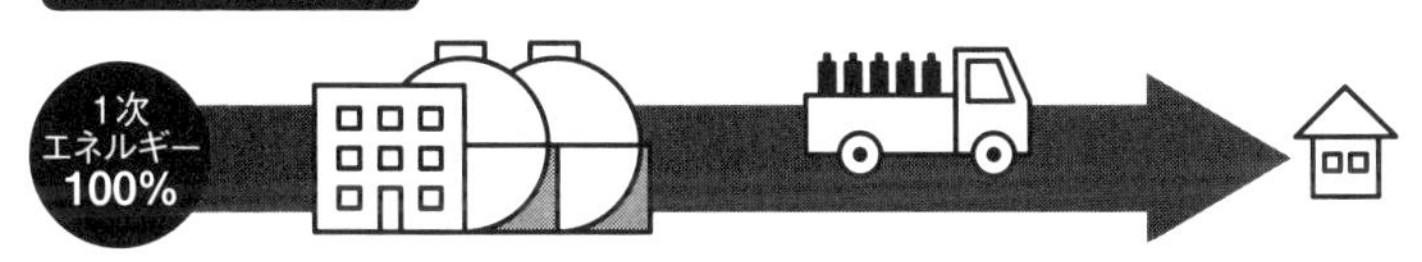

資源エネルギー庁　電力・ガス事業部「コージェネレーションの導入事例」等を参考に作成

**電気は、約65%ものエネルギーを犠牲にして
生まれるぜいたくで貴重なエネルギー**

講演では、私はこうも訴えている。

「電気エネルギーで湯を沸かし、保温する電気ポット。あの電気ポットをやめるだけで原発3基を止められます」

この呼びかけは、もともと反原発活動家で作家の広瀬隆さんが提唱されているフレーズなのだが、「原発3基分」というのはむしろ控えめな数であって、私が独自に試算したところでは5〜7基分に相当する電力を節約できると考えている。

もちろん、お年寄りだけの家であれば、火災の危険がほぼないオール電化でもよいだろう。そこまでは私もやめろとは言わない。

しかし、ガスに比べれば、電気は膨大なエネルギーロスを前提に作られている貴重でぜいたくなエネルギーだ。

せっかく熱から得た電気を再び熱に戻してしまうのは、あまりに効率が悪く、スマートとは言えない。

オール電化によって電気への依存度が高くなるほど、私たちは電気から不自由になる……このことに、読者のみなさんには気がついてほしい。

オール電化の家に暮らしながら、原発再稼働への反対を訴えても説得力はない。

第2章

「東京電力」で津波を想定することはタブーだった

◉私が電気を買わない理由

前章の結びに、オール電化の家に暮らしながら、原発再稼働への反対を訴えても説得力はないと書いた。

その理由は、私が体験したエピソードにある。

東日本大震災後、福島第一原子力発電所事故を予見した人物としてメディアに紹介された私には、原発反対派、再稼働反対派といったさまざまな人々から、講演依頼やアドバイザーとしての要請が来るようになった。

当然、その中には多くの国会議員、地方議員も含まれていた。

当時、「即時原発ゼロ」を掲げていたある政党に所属する市議会議員に会ったのだが、その議員の自宅はオール電化だったのだ。

その議員が同席する講演会で、私はいった。

「反原発を訴える議員の家がオール電化では、まったく説得力がない!」

もちろん、一般の方であれば、私もそこまでは求めない。

しかし、相手は政治を生業とする議員、政治家である。

政治家にとって、言葉は命そのものであるはずだ。

みなさんにも覚えがあるのではないか。

2020年の年末、COVID－19の感染者が急増するなかで、政府は感染予防の観点から「4人以下の会食」を国民に呼びかけていた……が、しかし、自民党の菅義偉首相、二階俊博幹事長らは、はるかに多い人数で忘年会を催していたという。

みなさんは、このニュースを耳にしたときにどう感じたか？

「言霊（ことだま）を失った政治家は、終わりだ」

少なくとも、私はそう思っている。

全原発が廃炉になる日まで……原発反対、原発再稼働反対の運動の先頭に立ち続けたいと考えている私も同じだ。

私は政治家ではないが、言霊の宿らない虚（うつ）ろな言葉など死んでも吐きたくはない。

現在、私は高知県土佐清水市に住み暮らしているのだが、**私の家はオール電化どころか、電力会社から1ワットも電気を買っていない。**

電気を買わないから、家は電線とつながっていない。

いわゆる**「オフグリッド」**という状態だ。

「グリッド」とは電力会社による送配電系統を指す言葉で、それにつながっていないからオフグリットという。

もちろん、電気を買っていないからといって、電気を使わないわけではない。

自ら構築した太陽光発電システムによって自家発電し、その電気を蓄電することで、必要十分な電力を使って生活している。

テレビやパソコン、冷蔵庫、洗濯機などの生活家電はもちろん使っているし、スマートフォンでYouTubeを見たり、ＳＮＳをやったりもする。

つまり、みなさんと同じように電気は使っているわけだ。

しかし、**使う電気はよそから買ったものではなく、自分で作ったものだからこそ、とても大切に使っている。**

スーパーマーケットで買った野菜よりも、家庭菜園で自分で育てた野菜のほうが愛おしく、美味しそうに感じる気持ちと同じだ。

たとえば、みなさんは冷凍冷蔵庫の電源を落とすことはないと思うが、太陽光発電の難しい悪天が続きそうなときに、私は夜間に主電源を落としてしまう。

昼間のうちに、水を入れた５００㎖のペットボトルを冷凍室で凍らせておいて、夜眠る前にそれを冷蔵室の最上段に何本か並べて電源を切ってしまうのだ。

夜間は冷凍冷蔵庫の扉を開くことはないので、冷蔵室の食材は冷たいままだし、冷凍室のものも凍ったままだ。

現代の省エネ家電は非常に優秀で、断熱性能が高いため、まったく問題ない。翌朝、ペットボトルを冷凍室に戻して電源を入れれば、すべてＯＫだ。

原発反対、原発再稼働反対を推し進める身であれば、電気や電力会社からは自由でなければならないし、オフグリッドを実践することで己の言葉に説得力も出る。

もちろん、みなさんはオフグリッドまでやらなくても結構だが、**電気を垂れ流すような浪費をせず、大切に使って、少しでも節電することで電気への依存度を抑え、できるだけ電力会社から自由に生きることはぜひ勧めたい**と思う。

◉選挙の一票で示さなければ世界は変わらない

東日本大震災から10年という月日が流れたが、日本は原発事故も何もなかったような空気になってしまった。

選挙をやれば、相変わらず原発推進派の自民党が強く、投票率も低いままだ。

しかし、ネット上には政府批判の文言が溢れている。**原発反対、原発再稼働反対の世論は決して少なくないのに、何も動き出す気配はない。**

2021年1月10日に放送されたNHK総合テレビの日曜討論「コロナ禍で政治は　2021年　党首に問う」で、**菅首相が温室効果ガス対策を理由に原発再稼働を推し進めると発言しているとおり、このままでは何も変わることはない**だろう。**温室効果ガス対策として原発再稼働を進める……というのは、極めて短絡的かつ場当たり的な選択**であって、はっきりいって政治家としてセンスのかけらもないと思う。

原発を止めるためには、多少の考え方の違いには目をつぶってでも、とにかく「原発即時停止」を掲げるような政党に投票し続けることがやはり大切だ。

それほど原発再稼働阻止は、極めてプライオリティの高いことなのである。30年後などと悠長なことをいってはいられない。いますぐにでも全原発を停止して廃炉を進めなければ、近い将来いつ第2のフクシマが起こるとも限らないのだから……。

「大丈夫だろう……」という正常化バイアスをもって、原発問題を考えてはならない。

選挙で票を投じなければ、時勢を変える一歩は踏み出せない。**世界を変えるためには、ネット上でつぶやくのではなく、選挙の一票で示さなければならないのだ。**

◉多くの人が電気から自由になれば原発はいらなくなる

選挙で一票を投じることと同様に、国民ひとりひとりが「電気から自由になる」ことも重要だ。

オール電化の罠にはまり、電気への依存度が高くなるほど、電力会社のやりたい放題になるのは自明の理というものである。

私のようにオフグリッド化すれば最強ではあるが、そこまでせずとも電気から自由になる方法はある。

まず、**東京電力を筆頭とした「大手電力10社」からなるべく電力を買わないようにする**ことだ。

2016年4月の法改正によって、家庭向け電力の小売りは自由化された。**ただ漫然と大手電力10社から電気を買うのではなく、新規参入した企業に移行すればよい**だろう。

自宅にソーラーパネルを設置するスペースがある人は、第二電力などと契約して、再生可能エネルギーを使うようにするのもよい方法だと思う。

大手電力10社には、発送電使用料などで金が落ちるシステムなので大きな打撃にはならないが効果がないわけではない。

もちろん、私と同じようなオフグリッド化をすれば最強であるのはいうまでもない。その場合は、私が共同代表をつとめている「自エネ組（http://www.jiene.net/）」もお手伝いできるので興味がある方はぜひ見てほしい。

電気から自由になるもうひとつの方法は、**家庭での消費電力量を減らすこと**だ。

案外知られていないことなのだが、**電気料金は企業向けと一般の家庭向けでは同じ価格ではなく、大口の企業向けの電気料金は一般の家庭向けとは比較にならないほど安く設定されている。**

しかし、55ページの図のとおり、**販売電力量は家庭向けよりも企業向けのほうが多いにも関わらず、事業収益では圧倒的に家庭向けのほうが多くなっている**のだ。

一般の家庭は、大手電力10社にボッタくられているのである。

しかし、この状況を逆手にとれば、大手電力10社の大スポンサーは企業ではなく、我々一般家庭であるともいえる。

つまり、**国民のひとりひとりが節電を心がけることで家庭向けの消費電力量を減らすことができれば、電力会社は大きな打撃を受ける**ことになるのだ。

私たちが使う電力量を減らすと、電力会社は電気料金の値上げで対抗しようとするだろうが、インフラを扱っているとはいえ、彼らも客商売であることに変わりはない。

値上げをするのは、それほど簡単なことではないだろう。

もちろん、電気の製造コストを丸ごと電気料金に乗せることができる**「総括原価方式」**の問題は無視できないが、それでも一般の家庭が漫然と大手電力10社から電気を買わずに新規参入した企業に契約を移行して、さらに消費電力量を減らすことができれば、原発再稼働への推進力を揺るがすことになるのは間違いないだろう。

電力会社の収益構造

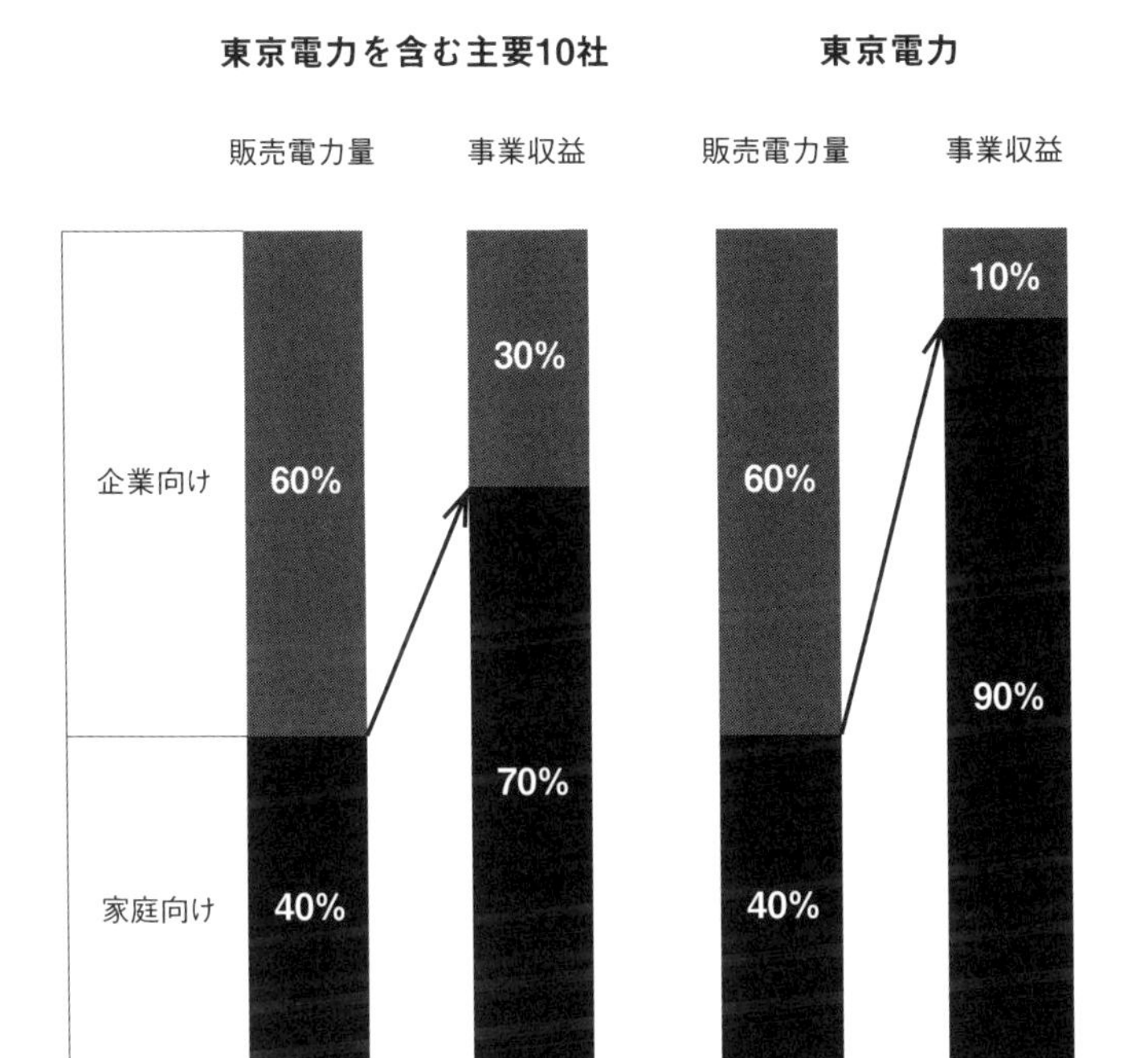

【東京新聞『2012年5月23日夕刊』を参考に1の位を四捨五入して作成】

大手電力10社の大スポンサーは、企業ではなく、一般の家庭である

◉安全審査の中で津波を想定することはタブーだった

私が原発の危険性を知ったのは、福島第一原子力発電所で働き始めてから比較的すぐのことだった。

タービンを回して膨大な電気エネルギーを作りながらも、目の前で核の生成物のゴミがどんどん山積みになっていく。

『こんなことしていて、オレたちいいのかな？』

20代の頃にそんな疑問を感じながら、プラントのコンピュータの計算結果を眺めるうちに、危険な核の生成物が何kgずつ積み上がっていくのか……その現実を目の当たりにして、原発が悪の所業に他ならないことに気づいてしまったのだ。

さらに、原発の脆弱(せいじゃく)性にも気づかされる事故が起こる。

１９９１年10月30日のことだ。

福島第一原発の１号機において、腐食した配管から冷却用の海水が漏れ出し、その海水が電気ケーブルの入った別の配管を伝い、タービン建屋内を浸水させてしまったのだ。

建屋内の一部の箇所には、ひざの高さほどの海水が溜まり、非常用ディーゼル発電機が水没して、その機能を喪失したのだった。

まさに、あの東日本大震災時の事故そのものである。

「原発って、結構水に弱いんじゃないのか？　現代科学の粋を集めたとかいってるけど、所詮人間が造ったものだもんな……」

「もし津波が来たら、壊れるんじゃない？」

私は同僚たちにそう話したのだが、

「そんなわけないよ。絶対に原発は壊れない」

異口同音に彼らはそう答えた。


納得のいかない私は、中央制御室にいた上司に進言した。

「この程度の海水漏れで非常用ディーゼル発電機がダメになるなら、津波が来たら危険なのではないでしょうか？　下手をしたら原子炉を冷やせなくなって、メルトダウンにつながるかもしれません。早急に津波による事故の解析をしたほうがいいと思うんですけど……」

するとのちに東京電力の役員にまで上り詰めることとなるエリート社員の彼は、こう答えたのだ。

「木村君、鋭いね。君のいうとおりだよ。しかし、安全審査の中で津波を想定することはタブーなんだよ」

この上司の一言に戦慄し、失望した私は、この瞬間から今日に至る道を歩み始めたといっていいだろう。

◉被ばく線量は基準を守れば大丈夫というわけではない

もともと天然のウランは、微小なアルファ線を放射しているものの、人体には危険のないとても安定した金属だ。

放射性物質ではあるが、半減期（放射線を出す能力が半分になるまでに要する時間）がとても長いので放射線はあまり出さない。

良質のウラン鉱山では、自然比率でウラン235が約0・7%、ウラン238が約99・3%で存在しているが、それは極めて安定した状態で山の中に眠っていたのだ。

前述のとおり、そのウランに中性子を1個ぶつけることによって不安定にし、暴れ狂う猛獣へと変身させたのはもちろん人間である。

ウラン235にうまく中性子が当たって割れると、「ヨウ素131」や「ヨウ素129」、「セシウム137」、「セシウム134」、「ストロンチウム90」など、半減期の短い放射性物質ができる。

放射性物質は、半減期が短いものほど不安定で危険性が高い。

このうちのヨウ素などは、半減期が7日間と極めて短いため、ものすごい線量の放射線を短時間に放射してしまうのだ。

ヨウ素は、甲状腺に蓄積しやすいので、甲状腺を集中的に攻撃して突発的ながんを引き起こす原因ともなる危険な物質だ。

被ばく線量の限度は、一般の人であれば年間1㎜シーベルト以下、放射線を扱う職業の人であれば年間50㎜シーベルト以下と法律で定められているのだが、あくま

で推定の目安であって、基準を守っていれば絶対に大丈夫というわけではない。

また、放射線はがんの発性だけではなく、心筋梗塞や脳卒中などの循環器の病気にも影響があるといわれている。

◉ネイティブ・アメリカンは放射性物質の怖さを知っていた

1986年に制作された『ホピの予言』というドキュメンタリー映画がある。この映画を見て、私は率直に感動した。

以下は、その映画とウェブサイト「Land and Life」にある情報を参考にまとめさせていただいたので、ここに出典として記しておく。

ホピとは、ネイティブ・アメリカンの「ホピ族」のことで、その名は彼らの言語で「平和の民」を指す。

ホピ族は、コロラド高原と呼ばれる荒涼とした砂漠とグランドキャニオンの巨大な渓谷に囲まれた、アリゾナ州の北部エリアに2000年以上住み続けてきた。

この一帯の地下には、世界最大のウラン鉱山が眠っているのだが、彼らはこの地を「アメリカ大陸の背骨であり、心臓部」であり、「地球の自然エネルギーの震源地」であると信じ、侵してはならない聖地として管理してきたという。

ありていにいえば『あの山には触れてはいけない』というようなことを、口承によって代々語り継いできたのだ（口承は、人によって解釈が変わってしまう文字による伝承よりも正確に事実を伝えるとされている）。

しかし、「新大陸」を発見したとして侵略してきたアングロサクソンの手によって、彼らの聖地は「平和利用」の名のもとに採掘され、核開発の中心地とされてしまう。広島や長崎に投下された原子力爆弾にも、ここで採掘されたウランが使用されたという説もあるらしい。

現代の地質調査の技術など存在しなかった時代、少なくとも2000年も昔からホピ族は、人類がウラン鉱山を採掘する先にある危険性を予見していたわけだ。

その予見には耳を貸さずに、アングロサクソンはウランを採掘し、そのウランに中性子をぶつけることで、人類の手に負えない凶暴な猛獣へと変身させてしまったのだ。

アングロサクソンはネイティブ・アメリカンを「野蛮人」だとして迫害し続けたが、野蛮なのはむしろアングロサクソンのほうだったと言えるのではないか。

◉核の「平和利用」などあり得ない

作家の広瀬隆さんの著作は私自身よく読ませていただき、前述の「電気ポットをやめるだけで原発3基を止められる」というフレーズとともに参考にさせていただいている。

その広瀬隆さんのルポによれば、**原発とは「平和利用」などではなく、軍需産業とも密接に関係しているそうだ。**

たとえば、原子爆弾とは直接関係していなくとも、**原子力潜水艦や原子力空母な**

どは、原発用の原子炉とまったく同じシステムらしい。

つまり、原発は軍事転用されていて、まったく平和利用などではないわけだ。

使用済みの核燃料を再処理してプルトニウムをとり出し、そのプルトニウムとウランを混ぜて**「MOX燃料」**をつくり、再び原子力発電所の燃料として再利用するシステムを**「プルサーマル」**という。

日本の使用済みの核燃料は、国内に2カ所、茨城県東海村と青森県六ケ所村にある再処理工場のほか、フランスが国営しているラ・アーグ再処理工場にも送られている。

電力会社は、使用済みの核燃料に含まれるプルトニウムの量をある一定の条件に基づいた計算によって算出し、その数値とともに再処理工場に送る。

すると、算出結果にある分量のプルトニウムが再処理工場から電力会社へと戻されるわけだが、再処理工場に伝えたプルトニウムの量の数値はもともと一定の条件を仮定してモデル化した計算式で試算予測したものに過ぎないため、実際に含有されるプルトニウムの量とは誤差が生まれる。

そのため、**再処理工場にあらかじめ伝えたプルトニウムの量と、実際に抽出したプルトニウムの量に余剰する差が生じた場合は、その余剰分はフランス側がそのまま利用する**ことになる。

そのプルトニウムが何に使われているのか……など、日本の誰にもわからない。

そんな状況で「原発は核を平和利用している」などというのは、はっきりいって寝言に等しいと私は思う。

◉原発のプラントデータは「誤差」に満ちている

プルサーマルがそうであるように、原発のデータの数値は「試算」による「誤差」に満ちている。

たとえば、原子炉の熱出力データ……つまり、「パワーがどれぐらい出ているのか」という数値も、あくまで試算による計算結果に過ぎないため多分に誤差を含んでいる。

簡単にいえば、１００トンの水を３００℃の蒸気にするためには、どのぐらいのエネルギーが必要か……などと逆算して、熱収支の計算をおこなっているに過ぎない。なぜなら、**原子炉はその特殊性から実測値を計測することができない**からだ。最も重要なデータのひとつである原子炉へ給水する流量のデータには、少なくとも約２％強の誤差が生じる。

実際は計算とは異なり、原子炉の給水は高温になるため、流量計測箇所にカスのようなものが付着したりして、実際の流用は経年的に変化してしまうからだ。

これが火力発電所であれば、流量計測箇所をとり外してメーカーの工場に送れば、きれいに校正メンテナンスされて、校正後は１００トンの水を流して１００トンの水が出る流量計測箇所に戻すことが可能だが、当然原発の場合はそうはいかないことはおわかりだろう。

原発の場合、正確なプラントデータを計測することができないケースが多い。

そのため、**モデル化等によって仮定された、決して少なくない「誤差」を含んだプラントデータしか出てこない**ことになる。

◉原発の安全性は「仮定」の計算による不確かなものに過ぎない

原発は、その特殊性から正確なプラントデータを直接計測することができず、モデル化等によって仮定されたものが多いといったが、残念ながらその安全性を示す安全解析についても同じことがいえる。

たとえば、原子炉につながる太い配管の耐震性を示す数値を出す場合も、**実際には複数の配管が縦横に走る複雑な構造であるにも関わらず、太い配管が1本しかない状態に簡略にモデル化して試算している。**

本来であれは、その複雑な構造をモデリングして解析する必要があるはずだが、構造が複雑過ぎて解析などできないため、簡略にモデル化して仮定の計算をすることで算出するわけだ。

つまり、**常に不確かさが残ってしまい、その安全性は眉唾物**なのである。

◉原発の地震による損傷は電力会社によって隠蔽(いんぺい)される

原発のゆるい耐震性を示す事故も、実際に起こっている。

2007年7月16日に起きた新潟県中越沖地震によって、柏崎刈羽原発構内の変圧器が火災を起こし、少量とはいえ放射性物質が海に流出した。

東日本大震災時にも、福島第一原発の5～6号機や福島第二原発、女川原発、東海原発なども地震で損傷した可能性が非常に高いが、その詳細は明らかにされていないのだ。

どの電力会社も地震による都合の悪いデータは、完全に隠してしまうのである。

その理由とは、序章においても触れたとおり、**地震の揺れによって原発が損傷を受ければ、電力会社は重大な法令違反に問われる可能性が出てくるからにほかならない。**

何らかのアクシデントが起こったときには、電力会社は常日頃は否定しているはずの「原発の危険性」を逆手にとって、第三者の立ち入りを止めてしまうため、いとも簡単に隠蔽できてしまうのである。

福島第一原子力発電所事故の際にも、政治家やマスメディア、世間の目はすべて福島第一原発の1～4号機に向けられてしまい、同じ福島第一原発の5～6号機や福島第二原発、女川原発、東海原発が注目されることはなかった。

◉悪いのは自民党だけではない

立ち入り調査の必要性は、私から国会議員に直接提案したことがある。月刊誌『文藝春秋』(2019年9月号)に掲載された私のインタビューを見て、「勉強会をしたい」と呼んでくれた立憲民主党の会合でのことだ。

その席で私はこう訴えた。

「地震による損傷箇所は、いまはすでに修繕を終えている可能性が高いです。福島第一の1～4号機には立ち入りしにくいでしょうから、福島第一原発の5～6号機や福島第二原発、女川原発、東海原発に立ち入り調査をして、修繕箇所のチェックをすれば、地震による損傷の程度は容易にわかります。損傷せずに、修理されていない部分と比較すればわかりやすいでしょう。いまこそ、地震の影響による調査をしっかりおこなったらいかがですか？」

目の前には、事故当時に首相を務めていた菅直人氏もいた。

しかし、彼らは誰も動こうとはしなかった。

当時、メディアを賑わしていたのは安倍元首相の「桜を見る会」の問題だったので、野党議員はみなそのほうに意識がいってしまっていたためだ。

『**桜を見る会など、原発再稼働問題とは比較にならない些末なことじゃないか……**』

本当に忸怩たる思いだった。

私は彼らの目を覚ますことができれば……という思いで続けた。

「あなた方、旧民主党が引いた避難区域の同心円、その30キロの内か外かで、被害に合われたみなさんの命運は分かれてしまいました。あの狭過ぎる区域のせいで放射線の影響に苦しめられて、30キロの外側にいる人はいまでも泣いているんです。それは、あなた方が民主党時代にやったことなんですよ。昔に戻ってやりなおすのは難しいけれども、同心円の件は愚策だったことを認識し、禊の意味も含めてしっかり責任を果たさないといけないんじゃないですか？　そのためにも、まず福島第一の事故調査を国会レベルでおこなう責任がみなさんにはあると私は思います」

私の前には、30人程度の国会議員が雁首を並べていたがまったく反応がない。

もちろん民主党だって、愚策ばかりだったわけではない。

「事故原因をしっかり精査しているから、いまは原発を動かすことはできない」と全原発を一時停止させたのは、大英断だったと思う。

そして、私はこう畳みかけた。

「もし、原発の再稼働を止められたら、歴史上、素晴らしいことじゃないですか！私も協力しますのでぜひやりましょう！」

反原発活動のアドバイザーを務めるのは、大変な作業だ。

私は、生活の一部を犠牲にして務めなければならないため、「無償ではできない」とも正直に伝えた。

私としては、腹を割ったつもりだったが、結局は誰も動かなかった。

『野党という立場上、原発反対の旗を掲げているだけなのだろうか？』

そう訝しんでしまうほど、私の目には彼らの態度は他人事に見えた。


共産党に呼ばれたこともあった。

一度は国会で追及しようという流れにはなったが、結局は他の質問を優先して後回しにされてしまった。

「じゃあ、もういいです……」

私が断りを入れると、それきり連絡はなくなった。


原発問題については、アメリカの意向を汲むと日本政府は及び腰になるのかもしれない。

しかし、福島第一原子力発電所の事故を起こした当事国なのだから、

「原発は地震に弱い可能性があります。日本は地震が頻発する国だから、原発はもう止めます！」

そうはっきり言ってもいいのではないか。
政治家には、本当にしっかりしていただきたい。
原発問題が一向に進展しないのは自民党だけの責任ではないのだ。
いまのところ、期待できるのは山本太郎氏のれいわ新選組しかないのだろうか
……。

第3章

元原発エンジニアである「私」が反原発の旗を振る理由

◉声を大にして「NO」と叫ぶために

福島第一が事故を起こす前の東京電力は、ある意味では「いい会社」だったといえるかもしれない。

一民間企業とはいえ、インフラを扱うため経営的には安定しており、社員の給料も高く、福利厚生面も充実していたといえるだろう。

高卒ではあるものの、東電学園出身の私でも年収1000万円前後のサラリーはもらっていたし、物欲的には「いい暮らし」をさせてもらっていたと思う。

しかし、私は原発だけではなく、東京電力という企業そのものにも嫌気がさして退職する道を選んだ。

恐らく**東電側から見れば、原発反対運動の旗手となった私は「反旗を翻した裏切り者」と映るに違いない。**

なぜ、元東電社員であり、元原発エンジニアである「私」が反原発の旗を振ることになったのか……その話をすることは、原発再稼働問題を考えていただく上で、案外重要なことであることに、最近私は気がついた。

コロナ禍の世相を見ていると、福島第一の事故当時と同じ「日本」が見えてくる。日本人の国民性には「大人しくて、規則や秩序を守る」という美点もあるだろうが、それは同時に「飼いならされやすく、声を上げない」マイナス面もあるということだ。

その結果として、いまの政治的状況があると思う。

原発再稼働を許しているのは、大人しくて声を上げない者たちの責任でもあるのだ。

読者のみなさんには、**原発が一基でもある限り、一瞬にしていまの平和な暮らしが奪われる危険にさらされているのだということを自覚していただき、政治家に飼いならされるのではなく、声を大にして「NO」と叫んでもらいたい。**

原発再稼働問題に関しては、政権担当者や経済産業省の役人、御用学者、そして東京電力の上層部が怯(ひる)むほどの「荒ぶる日本人」と化してもらいたいと願う。

それは、もちろん暴力的な方法などではなく、その方法は意見を発する言葉であり、選挙の一票であり、生活様式の変容であり、行動であり、何より考えることだ。

かつて私自身は、東京電力の中でアウトローであった。

しかし、**周辺化されないアウトローであったからこそ原発という悪の所業の片棒を担いでいることに気づき、悔い改め、それと戦う人生に軌道修正できた**のだと思う。

「原発即時停止」を実現するためには、他人の意見やプロパガンダに流されないハートの持ちようが大切なのだ。

◉「東京電力」と「私」の長くて奇妙な関係の始まり

「東京電力」と「私」の長くて奇妙な関係を考えるとき、まず語らなければならないこと……それは、私自身の生い立ちである。

なぜなら、**幼少期から少年期における経験がなければ、私は東電には入らなかっただろうし、いまのような生き方もしていなかった**からだ。

1964年（昭和39年）に、私は秋田県男鹿市で生を受けた。父親は板前で、母親もまた料理人であった。

秋田時代、両親は寿司店を営んでいたと記憶している。

私の母方の祖父は、福島県の大熊町で寿司店を経営していたが、同時に町政に関わる仕事（助役）にも従事していたと聞く。

もともと祖父は、第二次世界大戦以前は東京の私鉄バス会社にいて、その労働組合の委員長をしていたらしい。

しかし、開戦するとすぐに公安警察に追われる身となり、かねてより縁のあった大熊町に逃げてきて、そのまま住み着いたという。

祖父は古風な半ば武士のような人物だったそうで、実際、北辰一刀流の師範だったと聞く。

性格的にも厳格な人だったらしい。

いずれにせよ、「福島」と「私」、「東京電力」と「私」という2つの縁は、この祖父が東京を追われ、大熊町に流れついたことが始まりとなった。

祖父が経営していた寿司店に、板前として雇われていたのが父であった。

細かい事情は知らぬが、その店の娘である母と父はやがてともに暮らす仲となる。

母には兄がいたので、大熊町の祖父の店は、兄が継ぐこととなり、両親は……私のおぼろげな記憶では、隣町の双葉町に支店を出したはずだ。

開業資金は、おそらく祖父に出してもらったのだろう。


しかし、両親の双葉町における最初の暮らしは長くは続かなかった。

なぜ母と父が双葉町から秋田へと流れたのか……その理由は知らないが、私が生まれた後も秋田に落ち着くことはなく、私たち親子3人は北関東から東京都内などを転々とした挙句に、また双葉町へと戻る。

うろ覚えの記憶では、幼稚園のときは栃木県の那須に、小学校に進学する前からは東京の調布、府中へと移り住んでいた。

各地で父はホテルや旅館の板前、母は仲居として働き、東京では企業の社員寮で管理人兼調理係として生計を立てていた。

福島第一原子力発電所周辺の市町村

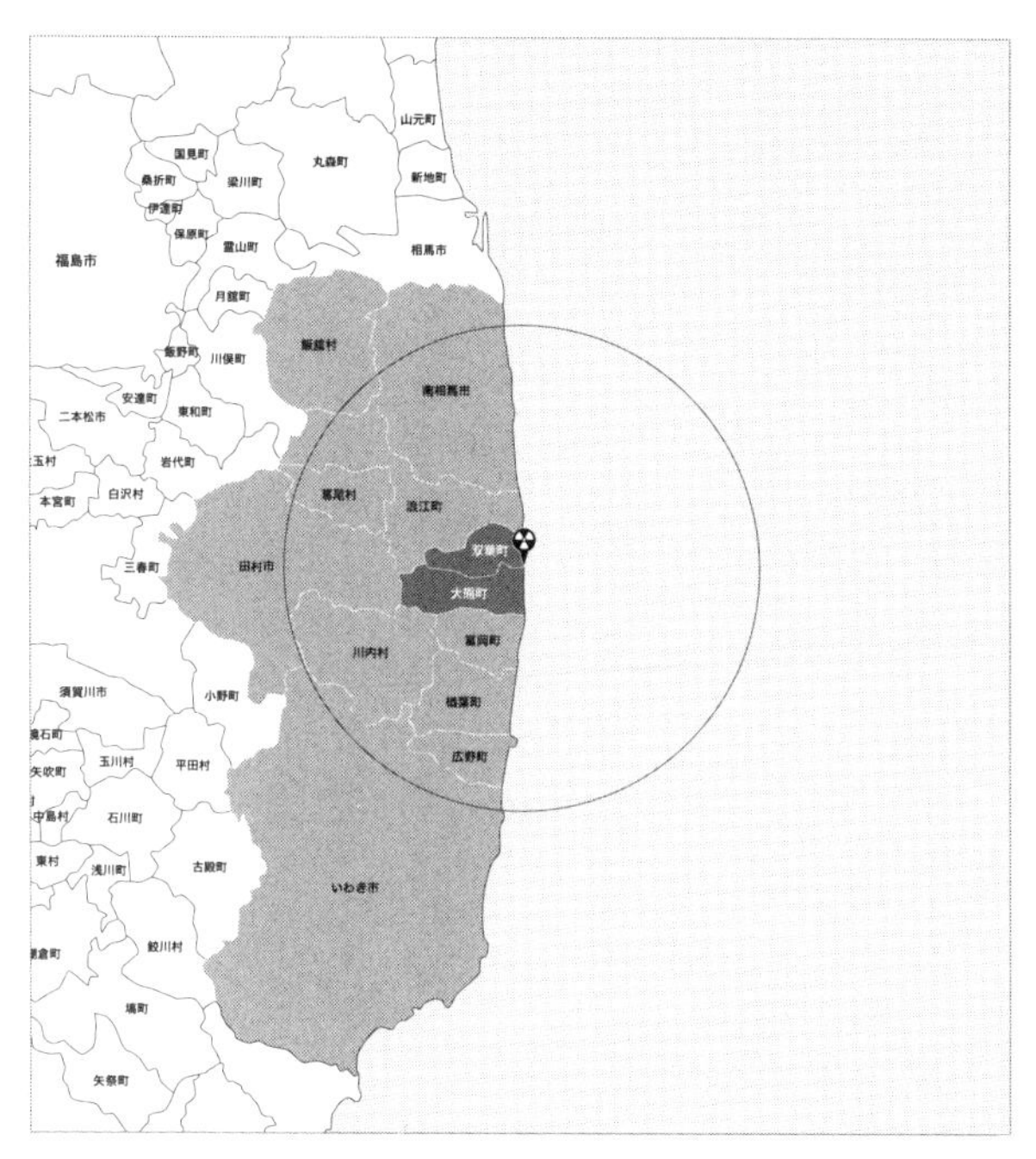

＊ 円形の紐は、涵品第一原子力発竜所を中心とした30kmの同心円

福島第一原子力発電所は、福島県の双葉町と大熊町にまたがるようにして立地する

その当時から亡くなるまで、母はずっと病弱で何度も入退院をくり返した。母が入院するたびに、幼かった私は親類縁者や知人の家に預けられた。その頃の東京は、光化学スモッグ警報が頻繁に発令されるほど大気汚染が進んでいたため、母の体の具合を鑑みて、その後私たち家族は母の実家がある福島へと移った。私が小学校3年生のことであった。

幼少期から幾度となく転居をくり返した結果、私は10歳にして少なくとも5つの地を巡り暮らすこととなり、ひとところに暮らした時間は平均するとたったの2年……私たち家族はジプシーのようなものだった。

◉原発建設ラッシュによる好景気に沸く町で育った私

私たち家族が福島県双葉町に落ち着いたのは、私の夏休みの間のことだったと思う。いうまでもなく、**双葉町は東京電力福島第一原子力発電所の立地町であり、私たち家族がたどり着いた1970年代は、まさに原発建設ラッシュの真っただ中で町**

はそれによる活気で満ち溢れていた。

原発景気に沸く町で、父は借りた住居を改装して料理屋を始めることにしたが、折悪く母は体調を崩してしまい、新天地に着くと同時に入院してしまう。私はまたしても、知り合いの元へと預けられることとなった。父の手による店の改装が終わる頃、なんとか体調を立て直して退院にこぎつけることができた母は、

『ようやく新しい生活が始まる……』

きっと、そう思ったことだろう。

しかし、何の前触れもなく、父は蒸発した。

明るい希望に満ちた未来を目前にしていた母の落胆は、いかばかりだっただろう。さらに、そんな母に追い打ちかけるように、父が近所の人々から多額の借金をしていたことが判明したのだった。このときに母が受けたショックの大きさは、さすがの私にも想像することすらできない。

覚えているのは、幼い私に母が自死をほのめかしたことと、私が、

「母さんが死ぬのも、自分が死ぬのも嫌だ！」

と訴え、また、

「僕が新しいお金持ちのいい人を探してくるよ。大丈夫だよ」

と幼稚な嘘を口にしながら、必死に励まし続けたことだけだ。

なんとか母は人生で最悪の日々から立ち直って、ひとり料理店を開業した。

◉私自身も原子力村の中にどっぷりと浸っていた

夏休みが明けると、私は双葉南小学校に転入した。

一学年に2クラスしかない小さな学校で、学友のほとんどは素朴でやさしい福島の子どもたちだったが、その中にあきらかに雰囲気の異なるグループがあった。

地元の子どもたちと比べると、彼らは一様に身なりがよく、福島弁の訛り(なま)りのない標準語を話し、勉強もよくできた。

人数的には、クラスに3～4名程度の割合だったと思う。

決定的に違ったのは、彼らがまとっていた雰囲気だ。

今風にいえば「意識高い系」という言葉が近いと思う。

彼らの正体は、この町を原発建設ラッシュによる好景気に沸き立たせている立役者、東京電力の社員の子息たちだった。


私は子ども心にも、彼らが身にまとっている鼻持ちならない空気と、どこか地元の子どもたちを見下しているような傲慢さが放つ臭気に気づき、距離を置いていた。

私自身も東京から双葉町に越してきた身の上で同じ境遇だったはずなのに、なぜか彼らには異質なものを感じてなじむことができなかった。

もっとはっきりいえば毛嫌いしていたのだ。

その理由は、彼らと私との間にある決定的な育ちの違いだったように思う。

小学校のすぐ近くの高台にそびえたつ東京電力の社宅は、そんな彼らの存在を象徴しているように感じられた。

いま思い返すと大した建築物ではなかったのだが、その社宅はまるで双葉町の街並みを睥睨（へいげい）しているようで、

『あいつらの態度と同じで、家も偉そうだな……』

私はそんなふうに感じていた。

これが「東京電力」と「私」との馴れ初めである。

奇しくも東京電力社員の子息である彼らへの私のファースト・インプレッションは、東京電力と私とのその後の関係性をよく投影しているようにも思う。


母の細腕が支えていた店は、父が蒸発したため板前がおらず、また人を雇う余裕もなかったため、料理屋を名乗りながらも実質は居酒屋のような店に過ぎなかった。

しかし、借家の空いた部屋を活用して下宿屋を始め、原発建設に携わっていた日立製作所の社員たちを受け入れたことで、経営は軌道に乗り始めていた。

居酒屋の客の顔ぶれも、ほとんどが東京電力と日立製作所の関係者で占められることとなり、地元民はほとんど出入りしていなかった。

私の身近にいる大人たちは、母をのぞくと全員が原発関係者であったし、また学

校にいけば、東京電力社員の子どもたちと顔を合わせる日々だった。

つまり、**すでにこのとき私自身も原子力村の中にどっぷりと浸っていた**のだ。

◉母への親孝行をするつもりで東電学園に進学した

小学校から中学校までの6年間、私は野球に熱中した。

私に野球の手ほどきをしてくれたのは、下宿していた日立製作所の若者だった。暇を見つけては、彼は私にマンツーマンで熱心に教えてくれたものだ。

その甲斐あって、中学時代は1年生のときから4番バッターを任され、2年生になると地元の高校からスカウトが偵察に来るまでに私は上達し、3年生に上がる前からは某強豪校のコーチのもとで硬式野球の練習にも励むようになっていた。

やがて打撃成績は、打率6割を超えるようになり、私は甲子園を夢見るようになる。

その頃、母の店に出入りする常連客から思わぬ話がもたらされた。

「息子さんは東電学園に進学させれば？」

東電学園とは、その名のとおり東京電力が営む学校で、一般の工業高校でおこなわれるようなカリキュラムに加えて、電気事業に必要とされる専門知識を学ぶ、いわば職業訓練施設である。

東電学園には、高等部と大学部があった。

中学卒業を控えた私と母に、店に来ていた酔客の多くが異口同音に東電学園への進学を勧めてくるようになったのだ。

実際、私たちのような母子家庭にとって、その話は実に魅力的なものだった。

東電学園に進学できれば、学費を全額東京電力が負担してくれるだけでなく、無事卒業すれば、すぐに正社員として採用してくれるのだ。

さらに月々の奨学金も支給してくれるし、必要な電気事業関連の各種資格も取得させてくれるというではないか。

シングルマザーである母にとっては、学費の負担もなく、一流企業への就職も約束される夢のような話であったに違いない。

夢の甲子園を目指すか、それとも母の安堵と将来が約束される東電学園か、正直、私は悩みに悩んだ。

もちろん、母は東電学園への進学を猛プッシュした。

「東電学園に行かないのであれば、就職を考えて工業高校か高専に行きなさい」

しかし、野球部のスカウトが来ていたのは普通高校からだったし、地元の工業高校や高専には野球の強豪校は皆無であった。

いずれにせよ、私は自分が野球の強豪校には進学できない状況にあることを自覚し、

「親孝行の道……東電学園を選ぶ道しかないのかな……」

そう、観念しつつあった。

東電学園の所在地が、調布や府中に暮らしたことのある私にとってなじみの深い、京王線沿線の日野であったことにも後押しされ、

「東京で過ごすのも悪くないか……」

結局、**東電学園がどんな学校なのか、その実態を知ることもなく、私は母への親孝行をするつもりで同学園への進学を決心した。**

◉東電学園への受験資格を得るために……

東電学園への進学を決意した私だったが、そのハードルは高かった。

私が通学していた双葉中学校では、すでに1～2学年上の先輩たちが東電学園に進学していたが、同学園に入学願書を出すためには中学校側で先に審査がおこなわれた。

その審査を通過するためには、学校が設定している諸条件をクリアしていている必要があった。

まず、学業の成績そのものがよくなければ、願書すら提出することができない。さらに模擬試験の成績や内申書、部活動の状況、家庭事情（特に政治活動や宗教など）なども厳しく審査され、これらのファクターを総合的に評価、勘案して、中学校が受験の可否を決定するのだ。

私は天才でも秀才でもなく、努力を積み重ねるガリ勉タイプの生徒でもなかった。それどころか、日々、隣の中学校の悪ガキとのケンカに明け暮れ、無免許でバイクを乗り回す問題児であった。

しかし、ただひとつ誇れるものがあった。

野球だ。

野球部員としての努力、成績には胸を張れた。

「あとは、勉強だ。それしかない！」

そう決心した私は、一夜にしてガリ勉中学生へと変身し、塾にも通い始めた。

日毎に成績はグングン伸びて、なんとか模擬試験の合格ラインもクリアした。

内申書の内容を向上させるため、学級委員にも立候補した。

ありがたいことにクラスメイトのみんなが協力してくれ、学級委員にも当選できた。

裏の悪行はあいかわらずであったものの、努力の甲斐あって、表面上は「優等生」に化けることに成功した。

こうして、私はなんとか東電学園への受験資格を得ることができたのだった。

無事に受験資格を得られたものの、まだまだ東電学園への道は厳しかった。

一次試験は学力テスト、二次試験は面接と体力測定だ。

そのため、猛勉強の日々のかたわら面接の練習もくり返した。

体力測定には自信があった。

甲子園への夢はあきらめたものの、愛する野球のための鍛錬は怠らなかったし、それは野球部を引退したのちも続けていたからだ。

1年間の努力は、見事に結実して、私は1980年1月に合格通知を手にした。

母がよろこんでくれたことが、とにかく私にはうれしかった。

◉厳しい上下関係と出身地によるヒエラルキー

1980年4月1日、晴れて東電学園高等部の入学式に出席した私は、福島へと帰る母へ別れを告げ、学園の敷地内にある「百草寮」という学生寮へと入った。

同じ寮には、新入生全員と3年生の半数が入寮していた。

2年生と3年生の残りの半数は、調布にある「大町寮」で暮らすことになっていた。当時、東電学園の全生徒数は700名を超え、私と同じ百草寮では400名近くの思春期を迎えた青年たちが同じ釜の飯を食うことになっていた。

念願叶ってスタートした東電学園の学生生活だったが、それはまさに地獄の日々となった。

起床は、毎朝6時だ。

朝起きると点呼が始まり、すぐに学園の敷地内にある山道をランニング、続いてラジオ体操をしてから朝食となる。

運動するのは好きだったし、体力には自信があったからここまではいい。

納得がいかず、キツかったのは理不尽に厳しい上下関係だ。

登校初日の授業前、新入生のクラスを回ってきた2年生の幹部生徒たちは、私たち新入生の机を蹴飛ばしながら、学園内で守らねばならない伝統的慣わしを大声で、まさに下級生を威嚇しながら説明した。

「オマエら1年坊主は、売店は利用禁止だ！　わかったか！」

そんな数々の理不尽なルールを暴力的な振る舞いでレクチャーされた。

特にひどいのは「あいさつ」の習慣だ。

上級生をちょっとでも見かけたら、その間の距離や場所を問わず、必ず直立して、大声であいさつをしろとの仰せなのである。

たとえば、学園敷地のレイアウトの関係で、通学のときには中庭を通らないと校舎の玄関にたどり着けないのだが、その際にも、教室の三階の窓から中庭を見下ろす上級生を見かけたら、三階の窓に向かって叫ぶようにあいさつしなければならないのだ。

いついかなるときでも上級生へのあいさつを疎(おろそ)かにすれば、殴る蹴るの鉄拳制裁も当たり前なのだから、もはやそれは「あいさつ」とは言えないだろう。

厳しい上下関係は、もちろん寮生活においても徹底された。

それは隣が最上級生である3年生の部屋だった場合、最悪のケースとなった。

理不尽な3年生が壁をドンと蹴る。

その蹴る回数によって、隣の部屋の誰を呼ぶサインなのかがあらかじめ決められていて、自分が呼び出されたら速やかに行かなければ制裁の対象とされてしまうのだ。

呼び出しの要件は、ほとんどが「パシリ」だった。

「ジュースを買ってこい！」

「ラーメンを作れ！」

つまり、**新入生は上級生に支配された奴隷**なのである。

さらに**学園内では上下関係だけでなく、「東京原理主義」とでも呼ぶべき出身地によるヒエラルキーも存在した。**

東京の連中はスカした底意地悪い者が多く、学園内でも幅を利かせているのである。

地方出身者……特に福島出身の友人は、気持ちのいい奴らが多く、助け合ったり、夢を語り合ったりしていた。

入学初日を終えた時点で、すでに後悔の念がこみ上げてきた。

「こんなところに来るんじゃなかった……」

私は、すぐにでも辞めたい気持ちに苛(さいな)まれていた。

◉私の心は東電学園を退学したい気持ちに支配された

まるで刑務所のような雰囲気の中で、理不尽なルールを押し付けられながら日々をやり過ごしているうちに、私はここで生き残る上で重要となるヒントに気づく。それは、所属する部活動によって、上級生たちの態度があきらかに変わるということだった。

特定の部活動に参加している者は、下級生であっても上級生からいじめられることがないのだ。

この奇妙なルールが適用される部活動の筆頭は、ラグビー部だった。その次に柔道部、野球部と続いていて、弓道部や文科系の部活は論外とされた。

純粋に部活動を選ぶのであれば、もちろん私は野球部を選択したかったのだが、東電学園の野球部は、高等部だというのに軟式野球だったため二の足を踏んでいた。

ヒエラルキーのトップにあるラグビー部には興味をそそられたが、練習に休日がなく、1年365日ラグビー漬けになるから辛そうだ。

そこで私は、上から2番目の柔道部に入ってみることにした。

入部してみると、確かに柔道部の先輩たちは大いに顔が利くようで、そのおかげで学園内でも寮でも、上級生からのいじめや奴隷扱いはほとんどなくなった。

しかし、それでも私は東電学園の学風になじむことができず、心は退学したい気持ちに支配されたままだった。

ひと月が経ってゴールデンウイークを迎えると、地方出身者である私は地元の福島への帰郷が許された。母と顔を合わすなり、

「東電学園を辞めさせてくれ!」

と懇願したが、もちろんそれは許されず、私はやむなく家出をし、現実から逃げようとした。家出といっても、中学時代の同級生の家に隠れる程度のプチ家出だったため、すぐに母に見つかり、その同級生にも説得され、私は休日が終わると渋々東京へと戻ったのだった。

◉東電学園には東京電力の企業体質が鏡のように映されていた

それでも石の上にも三年……柔道部に入ったこともあり、どうにか私も東電学園の生活に慣れることができた。

同じ寮にいた面倒見のよい3年生にかわいがられるようにもなった。

こうして厳しい上下関係はなんとかクリアしたのだが、「東京原理主義」によるヒエラルキーには、依然として苦しめられていた。

この章において、**私が長々と東電学園の生活、私的な思い出話を書き続けてきた理由のひとつは、この理不尽なヒエラルキーの存在について、読者のみなさんに知っておいていただきたいと思ったから**である。

なぜなら、**この「ヒエラルキー」は東電学園だけでなく、東京電力という企業体質の中にもあり……いや、むしろ東京電力の体質が東電学園にも鏡のように映されていたと思われる**からである。

私が勤務していた**当時の東京電力を支配していたのは、東京大学の原子力工学出身の者たちであり、私のような東電学園出身者は、たとえ技術や能力があっても単**

なる「高卒」扱いに甘んじなければならなかったのだ。

東電学園の東京原理主義に話を戻すと、東京出身組には実に性格の悪い者たちが多く、それはあきらかに地方出身組への蔑(さげす)みから生まれてくるものだった。

特に福島県や新潟県、栃木県の出身者は、その方言やイントネーションの違いをからかわれて、彼らの格好の標的にされていた。

「そんなに東京の人間は偉いのか！」

私は、双葉町の小学校時代に出会った「東京電力の社員の子息たち」を思い出し、憤っていた。

当初、私は彼らを無視することでやり過ごし、まるで特権階級に従属するような日々に甘んじていたが、やがて重ねてきた我慢は鬱憤となって蓄積して、それは東電学園全体への憎悪のような感情に変化しつつあった。

◉サーフィンとの出会いで私は心穏やかになれた

夏休みになると、さらに私を憂鬱にさせる事態が起こった。

東電学園への進路を決める前、私が甲子園を夢見て進学を考え、スカウトにも声をかけられていた福島の高校が甲子園出場を果たして、1回戦を突破したのだ。

複雑な心境を抱えながら、夏の甲子園のテレビ中継を見ていると、東電学園での実生活とのギャップに打ちのめされてしまい、私は己が下した人生の選択を激しく呪わなければならなかった。

ブラウン管に映し出されたベンチを見ると、そこには隣町の中学校の野球部で私と同じポジションだったライバルの顔があった。

どうしようもないやるせなさに苛まれた私は、夏休みにまたプチ家出をくり返し、ただでさえ病弱な母を心配させることとなった。

2学期が終わろうとする頃、私は柔道部からラグビー部へと鞍替えした。

柔道がつまらなくなったこと、また、私の中でくすぶる負のエネルギーが柔道では発散し切れず、さらなる格闘的なものへと駆り立てていたためであった。

東電学園のラグビー部の監督は、元日本体育大学のラグビー部でレギュラーを務めていた人で、大学ラグビーで日本一を経験しただけでなく、日本選手権では社会人チームを撃破して日本一になったことがあるという、とんでもない経歴を持つ人物だった。

さかのぼること約1年前、中学時代に私はすでにこの監督と出会っていた。

それは、東電学園の二次試験当日のことで、体力測定がおこなわれた会場で声をかけられていたのだ。

背筋力と握力とを測定する場に立ち会っていた監督は、背筋力170kg超、握力60kg超の私に興味を示し、そっとこう耳打ちした。

「無事に合格したら、ラグビー部に来いよ」

監督もこのときのことを覚えていて、私がラグビー部の門を叩くと途中入部であるにもかかわらず、すぐにレギュラーとして使ってくれたのだった。

ポジションは、プロップだ。

プロップとは、スクラムを組む際には最前列となる、フォワードの中でもとにかくパワーを求められるポジションである。

中学時代の野球部での特訓に加えて、柔道部では首を鍛えまくっていた私にとって、プロップはまさに天職……スクラムでは負けたことがなかった。

首の強さと相手を押しまくるパワーさえあれば、細かいテクニックがなくともスクラムは勝てるから、途中入部の私にはまさにうってつけのポジションだったといえる。


前述のとおり、ラグビー部の練習には休日がなく、練習時間も長くキツかったし、試合の後は体中傷だらけとなったが、その過酷さはかえって私の中に蓄積されていた負のエネルギーを発散するためにはよかったと思う。

ラグビー部の先輩たちは、気のいい人たちが多く、東電学園に来て初めて楽しいと思える時間を過ごすことができた。

また、練習は日暮れまで続き、土日も練習や試合が入っていたため、寮で過ごす時間はおのずと短くなり、煩わしい上下関係や不愉快な東京原理主義に触れる時間がなくなったことも幸いした。

しかし、そんなラグビー部での時間も長くは続かなかった。私をかわいがってくれた先輩たちが引退して、人間関係がつまらないものへと変わってしまったことに加え、私自身が腰を痛めてしまったからだ。

そして何より、いまも私のライフワークとなっているサーフィンと出会ったことが大きい。

福島の実家に帰省した折に、『ビッグ・ウェンズデー』というアメリカのサーフィン映画を観て、私は一瞬にして波乗りの虜になってしまったのだ。

「いますぐサーフィンをやるしかない!」

そう思った私はラグビー部に退部届を出すやいなや、銀座でアルバイトを始めて、バイト代が支払われたその日に人生初のサーフボードを買ったのだった。

当時の私は、ラグビーでも発散し切れないほど蓄積してしまった負のエネルギーに追い立てられ、悪友と組んではケンカをくり返すような荒くれ者となっていたが、**サーフィンを始めて海でもまれるようになると心穏やかになれた**のだ。

海という大いなる自然が「いかに自分が小さく、無力な存在であるのか」ということに気づかせてくれ、私の中で荒れ狂っていた波を凪に変えてくれたのだろう。そろそろ還暦が見えてきた年齢だが、サーフィンはいまの私にとって人生そのものであり、土佐清水の年中暖かい南国の海で波にもまれる日々を過ごしている。

◉私はアウトローだからこそ反原発の旗を振ることができた

東電学園での3年間になんとか耐えた私は、母の希望どおり、東京電力に入社して、地元である福島第一原子力発電所に勤務することとなった。

しかし、**東京電力においても、私は入社当初からアウトローであった。**

当時の東京電力は、入社して1年間は車を所有することが禁じられていたが、車がないとサーフィンができないため、私は迷うことなく車を買った。

入社式当日の朝も、その車で波乗りに行ったが、海の機嫌が悪くていい波が立たず、イラ立っているうちに時が過ぎて、入社式の会場に向かう連絡バスに乗り遅れてしまったのだ。

仕方なく自分の車で会場に向かったが、完全に遅刻だ。

しかも、砂浜で派手に転んだせいで私の顔は血だらけだったのだが、顔を洗う時間も余裕もなく、そのまま入社式の会場の扉を開いた。

会場は静寂のまま……しかし、そこにいた全員の目は私に集まっていた。

入社式には、双葉町の町長などの来賓も多く参列していたが、私ひとりの遅刻のために開式できずに待たされていたのだ。

『これは、ヤバいな……』

入社式が終わると、私は早速副所長に呼び出されることとなった。


私は入社してから退職するまで、仕事以外は好き勝手に生きてきた。

もちろん、エンジニアとしての腕は見込まれていたし、かわいがってくれた上司も少なくなかった。

しかし、**東京電力では特権階級のようにふるまう東京大学の原子力工学出身者が多く、それに悩まされたのも事実だ。**

「オマエのせいで俺が出世できなくなったら一生恨んでやる」

上司からそんな言葉を浴びせられたのも、一度や二度ではない。

私はやりたい放題して生きてこられたが、**高卒の社員は学閥のヒエラルキーの前に沈黙を決め、ただただ月給をもらうために下を向いて会社務めを続けている人がほとんどだ。**

確かにそれは生活を守るため、家族を守るためであったから、黙ってがまんできる彼らは私よりもずっとえらいのかもしれない。


しかし、私は東京電力という企業において異質な存在、アウトローであってよかったと思っている。

なぜなら、**アウトローとしての性格が私の中で形成されていなかったら、原発が未来の人類に負の遺産を押し付ける悪の所業であることに気づき、背を向けることはできなかった**からだ。

私が月給のために黙って下を向く生き方を選択していたら、大企業である東京電力を敵に回して、反原発の旗を振ることなど決してできなかったに違いない。

東京電力は、強者だ。

強者に立ち向かわねばならないときは、長いものに巻かれる精神ではダメだ。

原発再稼働問題は、最もプライオリティの高い問題だ。

賢明なる読者のみなさんには、ぜひ精神的アウトローとなって、声を大にして、

「NO!」

と言ってもらいたいと願う。

◉東電による原子力への洗脳が溶けた日

東日本大震災による福島第一原子力発電所事故によって、原発に関する世論は二分されたと私は思う。

震災以前から反原発だった人の思いは、震災後10年で確実にその思いを強くした。

それは自分たちが言っていたことは、やはり正しかったんだという思いであり、かくいう私もそれは同じだ。

もうひとつは、原発推進派……というよりは、もっとはっきりいえば「何も考えてくれない人」たちだ。

福島第一の事故によって、反原発だった人の思いがより強くなったことで、何も考えてくれない人たちとの溝はより深く、より広くなったといえるだろう。

反原発や反原発再稼働を訴えるとき、実は重要であるのは原発推進派を改心させる術(すべ)ではなく、多くの何も考えてくれない人たち……サイレントマジョリティーをいかに動かせるかということなのである。

私は2000年に東京電力を退職してから、原発の危険性を訴え続けてきたが、ある日、NUMO(原子力発電環境整備機構)へと出向していた東電時代の元同僚たちに電話をした。

その目的は、**「地層処分」**の安全性を現場で働く彼らに問いただすことだった。

地層処分とは、簡単にいえば、現代の人類の手ではどうしても処理することができない「高レベル放射性廃棄物」をガラスで固めて容器に詰め、地下300メートル以深の地下に埋めることをさす。

「地層処分は、本当に安全なのか？　3万年も維持できるのか？　誰がそれを確かめるんだ？」

私はかつての同僚たちにもそう問いただしたが、誰ひとりとしてこの問いに答えることはできなかった。

彼らもまた、東京大学の原子力工学出身のエリートたちだったが、その返答は極めて虚ろなものだった。

「俺たちだってサラリーマンだし、仕事でやってるんだよ。家族もあるし、生活もあるさ」

とにかく、核廃棄物の処分方法が確立されていないことは、これではっきりした。

『やっぱり、原発はダメだな……』

と私は再確認したのだった。

先に登場した『ホビの遺言』というドキュメンタリー映画を観たのは、この頃だ。

自然と涙があふれてきて、私にはネイティブ・アメリカンが２０００年もの間、伝え残してきた教えが天啓に思えた。

長年、東電学園と東京電力において、私の頭に刷り込まれ続けてきた原子力に関する洗脳は、この瞬間に完全に解けてなくなった。

◉スマトラ沖地震によって予見は確信に変わった

前述のとおり、私は東京電力に勤務していた頃から、福島第一原子力発電所が津波によってメルトダウンする危険を予見し、警鐘を鳴らしていたが、その自説に確信を抱かせる天変地異が起こったのは、２００４年12月26日のことだった。

この日に発生したマグニチュード９・１を記録した**スマトラ沖地震**である。

スマトラ沖地震では、大津波が発生してインド洋沿岸を中心に甚大な被害が発生し、その様子をとらえた多くの映像が世界中に配信された。

この映像をみて、

「**やっぱり、とてつもない大津波って現実に起こるんだな……**」

そう得心したのである。

この大津波を見て、私は序章で紹介した「小さなくらし」というミニコミ誌に、改めて自説をまとめた原稿を寄稿したのである。

その5年後の2010年の夏、私は福島で開催されたある反原発運動のイベントに参加した。

その席で、この運動を企画した中心人物に対して、スマトラ沖地震の大津波を例に私の説について説明し、

「福島第一原発は、津波に脆弱なんです。この観点から運動を起こして、私と一緒に福島原発を止めませんか？」

そう提案したのだが、その中心人物も他のメンバーもまったく反応しなかった。

完全に無視され、私は大いに失望した。

そして、それから半年後……残念なことに私の説は現実のものとなってしまったのだ。たった数年の間に、**スマトラ沖地震〜ミニコミ誌への寄稿〜反原発運動での提案と拒絶〜東日本大震災**……という流れで予見したことがそのまま現実となってしまったことで、当時の私はどうしようもない無力感に苛まれて深く落ち込んでしまった。

◉その後、友人たちは全員、原発の現場を離れた

東日本大震災が起こる前年の2010年には、こんなエピソードもあった。

当時、サーフィンをともに楽しんでいた友人の多くは、東京電力関連の下請け会社に勤務していた。

この頃の私は、福島第一原発が津波によってメルトダウンを起こすという自説に、悪い意味で現実味が増してきているような不安感を覚えていた。

心に悪いイメージを抱き続けていると、それがまるで言霊のようなパワーを帯びて現実のものとなってしまう……そんな感覚だ。

私はサーフィンで集まるたびに、彼らにこうくり返すようになった。

「原発は絶対ダメだからやめろよ!」

私は仲間内の中で次第に疎まれるようになり、やがて彼らと訣別して顔を合わせなくなった。


果たして、2011年3月11日。

あとから聞いた話だが、彼らは全員福島第一の事故現場にいて、死に物狂いで事故対応していたそうだ。

そして、現場を出たあと、こう言い合ったという。

「木村さんがいってたこと、本当だったな……」

その話をしてくれた友人は、

「あのときは木村さんを無視しちゃったけど、原発はダメなんだ……としみじみ思ったよ」

そしてその後、友人たちは全員、原発の現場を離れた。

福島第一で事故が起きてしまった以上、その事故を収束させるために、現場には多くのエンジニアや作業員が必要で、実際にとり組んでいる人々は大変だと思うし、本当によくやってくれていると思う。

いまでも私は、現場で尽力されている人々を含め、東京電力の社員の方々には敬意を表している……ただし、上層部の連中を除いてだが。

◉宿命とは自分にしかできない役割を果たすこと

福島第一の事故後に、私は独自に「事故の解析」をおこなうために、八方手を尽くして、東京電力が隠蔽していた生データを出させることに成功した。

その生データとは、**「過渡現象記録装置」**と呼ばれる計算機による記録で、私が注目したのは、燃料の中を流れる冷却水の流量を記録したデータだった。

この生データとの出会いは、その後の私の人生を大きく揺り動かすこととなった。

このデータを解析してみると、**3月11日の地震の揺れが到達した1分20秒後に冷却水の流れが止まり、燃料を冷やせない状態に陥っていることを示していた**のだ。

一般にも公開されている東京電力の資料によれば、福島第一原発に津波が襲来したのは、第一波が15時27分頃、第二波が15時36分頃のこととされている。

地震が発生したのは、14時46分18秒のことだから、福島第一原発を津波が襲ったのは、本震の揺れから40分以上も後のことだ。

つまり、**福島第一の事故原因は津波ではなく、地震の揺れである可能性が高い**ことなる。

前述したが、仮に事故の原因が津波ではなく、地震の揺れであったならば、東京電力は重大な法令違反に問われる可能性が出てくることになるので大問題だ。

この説の解明は、原発再稼働問題を考える上でも大変重要なのである。

私は、過渡現象記録装置によるデータを元に、**事故原因は津波ではなく、地震の揺れであったとする「地震損傷説」**をまとめた。

この「地震損傷説」をまとめたことで、私の人生は新たなフェーズへと突入した。

講演会やマスコミの前で話をするだけでなく、東京電力を相手どった数々の民事訴訟にアドバイザーとして参加したり、国会にも行くようになった。

つまり、反原発や反原発再稼働の旗を振るだけではなく、その運動に直接関わる立場となり、人生が大きく変わったのだ。

民事訴訟の準備では、長時間、何度も弁護士の方々とミーティングを重ねるのだが、少し前の自分であれば考えられないことだった。

判事の前で事故の解析結果を説明することになるなんて、想像だにしなかった。

しかし、これは**私だけが果たすことのできる役割であり、宿命なのだ**と思う。

なぜなら、原子炉のデータを解析することなど、東京電力の人間以外では、私にしかできないことだからだ。

法律のプロである弁護士の方々も、原発関連の法令などほとんど読んだことがないというし、その解説ができる人間の存在も極めて稀なのである。

つまり、私がやるしかないのだ。

いまの私は、東電時代よりも社内文書を熟読している。

社員として勤務していたときに、原発関連の法令や指針等を読み解く訓練をし、プラントデータを解析する力を養っておいて本当によかったと思っている。

第4章

「私」の反原発興国論とその実践

◉原発が廃炉になれば立地市町村は50年間栄える

私は、原発の立地市町村で開かれる原発再稼働反対集会に呼ばれて講演をおこなうことが多いのだが、そのような場でよくこんな質問を受ける。

「この町から原発がなくなれば、経済が崩れてしまうのではないか？　仕事がなくなり、人が少なくなり、さまざまな産業が冷え込んでしまうのではないか？」

原発がある市町村に暮らす人々が、このように心配されるのは当然のことだ。

しかし、どうか安心してもらいたい。

原発の廃炉が決まれば、むしろ町の景気は向上するはずなのだ。

私は、こう答える。

「みなさん、安心してください。原発の廃炉が決まれば、停止状態のときよりも町は栄えます。人も増えます。その景気は、約50年間続くことでしょう。その50年の間に新しい産業を生み出すなど、町の新たな展開を計画すればいいのです」

原発が廃炉になれば、立地市町村は50年間栄えるという私の根拠は、まさに原子

力発電所の構造の頑強さにある。

そもそも原発は壊すことを前提にしておらず、とにかく頑丈にできているから解体作業は極めて難航する。さらに被爆という危険をともなうため、解体作業に多くの人手と長い月日がかかるのは間違いないのだ。

つまり、**原発の廃炉が決まれば、立地市町村には多くの作業員が長期にわたって滞在することになるため、その「廃炉マネー」によって地元は潤うことになる**のだ。

国と東京電力は、廃炉にかかる時間を最長で40年と発表しているが、福島第一原子力発電所の廃炉作業は遅々として進まず、当初の計画よりも大幅に遅れている。原発の構造を知る私の見立てでは、まず50年間はかかる。

原発を停止したままでは、立地市町村の経済は冷え込んだままだ。

一日も早く、原発再稼働をストップして廃炉を決定すれば、50年間は「廃炉マネー」により安泰になるので、その間に新たな景気対策を練って実行すればよいと思う。

さらに、国内の全原発を即時廃止して、一斉に廃炉へと政策の舵を切れば、日本は世界最先端の廃炉ビジネス国になれる可能性もある。

もちろん、原発を廃炉にするノウハウを蓄積するためには数十年かかるが、それは将来的に世界規模で需要が高まる有用な技術の蓄積となるのは間違いないだろう。

◉総括原価方式を改めて東京電力を一般企業化する

「総括原価方式」とは、電気やガス、水道など、公共性が高いサービスを提供する企業に対して適用されるもので、それぞれの安定供給に必要な原価に基づき、企業側が消費者の支払う料金を決められるシステムのことである。

電力会社に適用されている総括原価方式は、**「電気事業法」**という法律の第19条によって定められている。


この総括原価方式があれば、電力会社は電気の製造コストをいくらでも電気料金に乗せることができる。

つまり、どんなに製造コストをかけても原価割れや赤字になることはないので、原子力発電所をどれだけ建設しようとも、その建築費は消費者が支払うことになるのだ。

無論、**事故を起こした福島第一原子力発電所の廃炉等にかかる莫大な費用も、実際に支払うのは電力会社ではなく、日本国民なのである。**

総括原価方式こそが「諸悪の根源」といっても過言ではない。

仮に総括原価方式が適用されない一般企業が原発を運営し、あのような重大事故を起こせば、即時に倒産に追い込まれるのは間違いない。

電気事業法の第19条にある条文を見てみよう。

その条文の中には、

「料金が能率的な経営の下における適正な原価に適正な利潤を加えたものであること」

という一文がある。

ここでいう「適正な原価」とは、社員その他の人件費、火力発電用のLNG（液化天然ガス）や石油などの燃料費、発電所施設の修繕費などをさす。

「適正な利潤」とは、「レートベース」と呼ばれる「事業資産の価値」に「事業報酬率3％」をかけたものなのだが、実はここにトリックがある。


そのトリックとは、この**レートベースと呼ばれる製造コストを膨らませれば膨らませるほど、電力会社がどんどん儲かる仕組み**であることに他ならない。

普通の企業の場合、コストをかければかけるほど儲かる仕組みなどあり得ない。


問題は、レートベースの中身にもある。

東京電力が公表している総括原価方式の説明資料『参考「事業報酬」の算定方法について』には、次のようにある。

「事業資産の価値（レートベース）とは、事業に対して投下された投資額の価値（真実かつ有効な資産）であり、特定固定資産のほか、建設中の資産、核燃料資産、運転資本等の価額の合計。過大な予備設備、貸付設備、事業外設備等は含みません」

同社の説明資料『参考　事業資産（レートベース）の内訳』によると、「特定固定資産」

コストをかけると儲かる総括原価方式

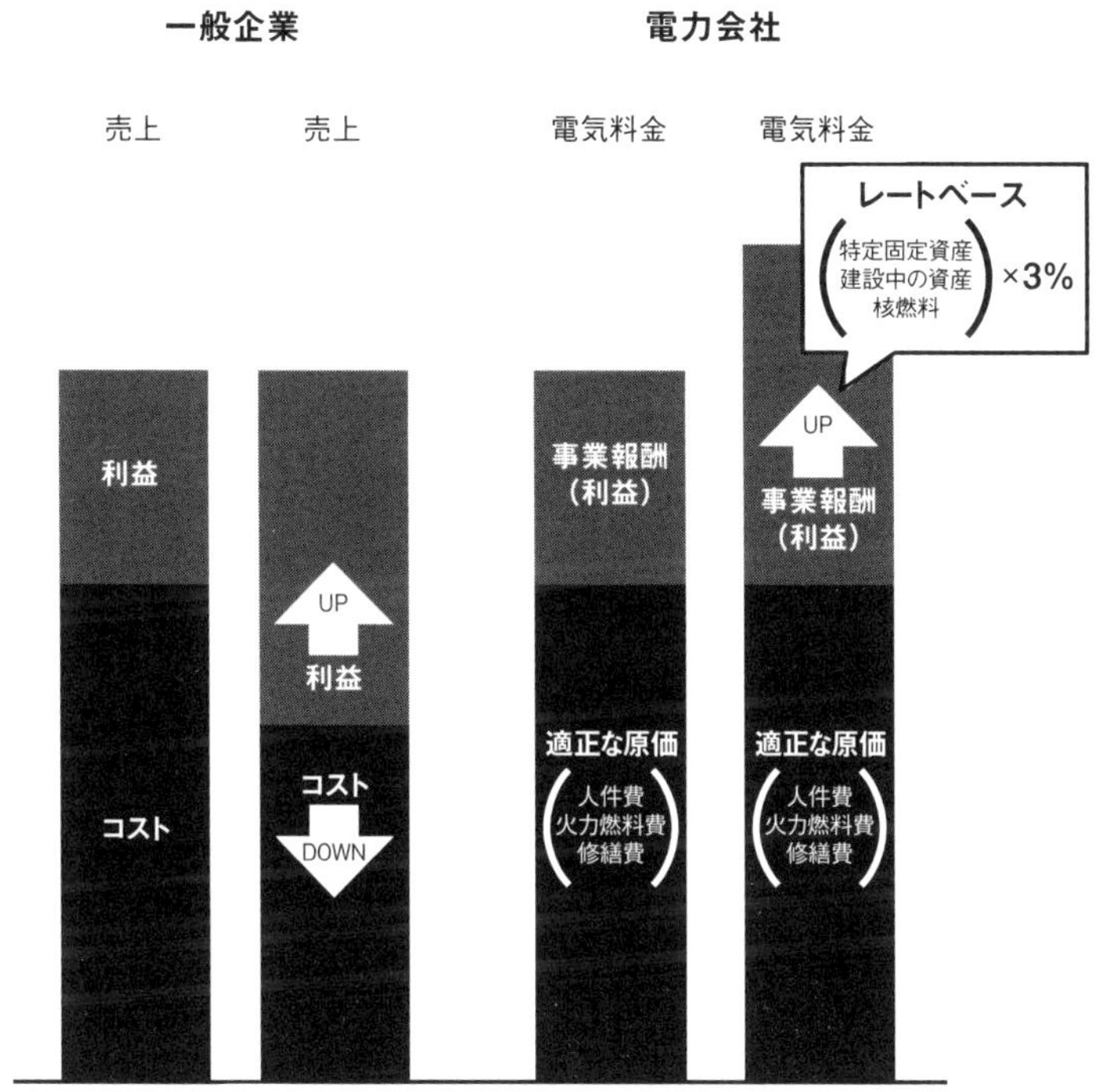

一般企業

売上
売上

利益
コスト

UP
利益
コスト
DOWN

電力会社

電気料金
電気料金

事業報酬（利益）
適正な原価（人件費 火力燃料費 修繕費）

レートベース（特定固定資産 建設中の資産 核燃料）×3%
UP
事業報酬（利益）
適正な原価（人件費 火力燃料費 修繕費）

【2012年7月21日(木)テレビ朝日系列「モーニングバード」「そもそも総研～そもそも『電気料金がなぜこういう決まり方か』がわからない」内資料を参考に作成】

原発コストが膨らむほど、電力会社は儲かる

とは「稼動中の発電所、送電網（適正な予備設備を含む）」のことであり、「建設中の資産」とは「建設中の発電所、送電網等（建設仮勘定の1／2が対象）」をさす。

また、「核燃料資産」とは「装荷される前の核燃料、再処理関係核燃料」のこととある。すなわち、火力発電所と比較すると建設費が非常に高い原子力発電所を次々と新設して、コストを膨らませれば膨らませるほど、「事業報酬率3％」をかけた結果が大きくなって電力会社に莫大な儲けが転がり込むことになる。

逆に、**現在停止中の原発がすべて廃炉になれば、儲けの乗数を膨らませるドル箱を失うことになるので、彼らが再稼働に向けて必死になるのは当然**なのである。

同資料には、

「発電所、送電線、変電所等の設備は、その建設に関して、電気事業法第29条に基づく「供給計画」を毎年策定し、経済産業大臣に届け出ることになっており、不要・過剰な設備を建設することはできない仕組みとなっています」

ともあり、一応電力会社の暴走を止めるブレーキは存在することになっているのだが、**経済産業省も原子力村の一員である構図を考えると、原発の新設や再稼働を**

止める役割を果たす期待は薄いと考えざるを得ない。

電力会社への総括原価方式の適用を止めることができれば、電気の製造コストの問題で原発再稼働は不可能になるはずだ。

総括原価方式を改め、東京電力を含む大手電力10社を一般企業化するマニュフェストを掲げる政党は現れないものだろうか。

◉「使う」ではなく「使わない」インテリジェンスを

原発推進派である政治家や官僚、電力会社の人々は、福島第一原発の事故以前、「原子力はクリーンなエネルギーだ」

というフレーズを駆使していた。

だが、福島の惨状を前に、そんなことは口が裂けてもいえなくなった。

しかし、昨今、盛んにいわれるようになった**「脱炭素社会」という言葉が、かつ**

ての「クリーンエネルギー」という言葉と換わって使われる現実を目の当たりにすると、私はあきれてため息をつくしかない。

第2章において、菅首相が温室効果ガス対策を理由に原発再稼働を推し進めるべく発言したことに触れ、その選択が極めてレベルの低い場当たり的なものだと批判した。

その理由について、ここで説明したい。

温室効果ガス対策とは、もちろん二酸化炭素（CO_2）を減らすことに他ならない。

つまり、化石燃料を燃やす火力発電による電源の割合を減らすということだろう。

菅首相の言葉を言い換えれば、

「火力発電の割合を減らす代わりに、原発を再稼働してその分を補う」

ということになる。

改めていうが、政治家としてセンスのかけらも感じられない。

では、仮にこんな政治家がいたとしたら、どうか？

「火力発電の割合を減らす代わりに、太陽光発電や風力発電などの再生可能エネルギーを推進してその分を補う」

これは一見正解のようだが、100点満点でいえば30点程度、赤点ギリギリといったところの解答だといわざるを得ない。

現実的に火力発電を減らす分を補えるだけの再生可能エネルギーを増やすことは容易ではなく、時間も手間も金もかかる。

本当に実現するためには、数十年の歳月が必要となるだろう。

実は、このように**安易に再生可能エネルギーを持ち出す議論をしてしまうからこそ、手っ取り早い原発再稼働論に押し切られてしまう**のである。

もちろん、**再生可能エネルギーの推進は必要だが、現実に照らして長い目で見る必要がある**ということだ。

では、温室効果ガス対策として火力発電の割合を減らす分を補うためには、どのようなプランが必要かというと**「消費電力量を減らす」ことしかない**のだ。

電気エネルギーを使うときは、エネルギーロスの大きな使い方をせず、垂れ流す

ような無駄使いをせず、電気にしかできないことをお願いすること。

これが温室効果ガス対策として、イの一番にしなければならないことなのである。

そのために必要なことは、日本人のひとりひとりが自分の生活スタイルをシンプルに、ミニマムにスマート化を図るということだ。

ひとりひとりが自らの生活を振り返り、エネルギーロスがあれば控え、無駄使いがあれば止める……それだけで温室効果ガス対策として減らす電力量など、簡単に補うことができるのだ。

その具体的な方法は、この章の中で後述するが、それを実践しても私たちの生活水準は大して変わらないし、もちろん苦行となるはずもないので安心してほしい。

求められるのは、電気を「使う」ではなく「使わない」インテリジェンスだ。

電気エネルギーのロスと無駄をなくしつつ、再生可能エネルギーの拡充を推進していけば、原発を再稼働しなくても脱炭素社会は実現できる。

◉「私」の反原発興国論

本書のタイトルは「原発亡国論」であるが、本章では、その対極となるいわば「反原発興国論」ともいうべき内容を私なりに述べてきた。

それを改めてまとめると、次の3点となる。

私の反原発興国論

①原発が廃炉になれば「廃炉マネー」による景気で、立地市区町村の経済は約50年間は安泰である

②総括原価方式を止めて、大手電力10社を一般企業化すれば、原発再稼働など不可能になる

③日本人のひとりひとりが電気を「使う」ではなく「使わない」インテリジェンスを持ち、それを生活の中で実践すれば、原発を再稼働しなくても脱炭素社会は実現できる

改めていうが、

「原子力エネルギーは、コストが安い」

「経済を回すために必要だ」

などという言葉に、惑わされてはいけない。

原子力がないならないで、その『ない世界』で経済を回せばいいのだ。

たとえ原発がなくなっても、私たちの生活は大して変わることはない。

安心して、これから紹介する反原発興国論の実践の仕方をみなさんの生活の中に取り入れてみてほしい。

◉反原発興国論の実践 その1　選挙で「反原発」の1票を投じる

本書が刊行されるのは、2021年春だから、衆議院議員の任期満了まで約半年ほどとなる。

つまり、年内には必ず総選挙があるということだ。

本書を読んでくれているみなさんは、おおむね原発反対、原発再稼働反対という考えだと思うが、次の総選挙では必ず投票に行ってほしい。

投票率が伸びない限り、組織票がモノをいう選挙となって、結局は原発再稼働を推進する自民党が勝利するのは目に見えている。

原発再稼働をストップさせて、すべての原発を廃炉にする方針へと国が舵を切るためには、**その他の公約には多少目をつぶっても、とにかく原発反対、原発再稼働反対をスローガンにしている政党に一票を投じることが大変重要**になる。

どこの政党へ……とはいわないので、みなさんの目でよくマニフェストを確かめて、思うところへ一票を投じていただければと願う。

コロナ禍における政策推進力を見ればわかるように、現自民党の政治家の力など、まったくあてにならない。

安倍氏はマスクを2枚置いて去ったし、菅氏も原稿を棒読みするだけだ。

以前の民主党政権もダメな部分は多々あったが、はっきりいって大した力の差はない。本来であれば、反原発をマニフェストとするまったく新しいタイプの政治家が登場して、議席を半分以下に減らしてから、与野党含めて総入れ替えをしてほしいものだが、残念ながら今年の総選挙ではそんな夢のようなことにはならないだろう。

◉反原発興国論の実践 その2 大手電力10社から電気を買わない

みなさんが原発反対、原発再稼働反対という考えであるならば、とにかく電気から自由になることが重要だ。

電気から自由になるために有効なのは、大手電力10社から電気を買わないことだ。

具体的にいえば、その方法は2つある。

ひとつめは、**大手電力10社との契約を解約して、新規参入した電力会社と契約する**方法だ。

第2章でも触れたとおり、2016年4月の法改正によって、家庭向け電力の小売りは自由化された。

インターネットなどで検索すれば、新規参入した電力会社が複数見つかるはずだ。自宅にソーラーパネルを設置するスペースがあれば、第二電力と契約して、再生可能エネルギーを使えるようにしてもよい。

ふたつめは、**電気を買わないオフグリッドの生活を実践する**ことだ。

少々ハードルは高いが、電気から完全に自由になる方法として最強であることはいうまでもない。

その方法については、後述するので参考にしてほしい。

◉反原発興国論の実践 その3 電気を「熱」に戻さない

日本の電源構成の90%を占める火力と原子力は、ともに運動エネルギーを介して、熱エネルギーを電気エネルギーに変換する発電方法だ。

41ページで図解したとおり、**せっかく熱エネルギーから貴重な電気エネルギーをつくり出したのに、家庭において再び熱エネルギーに変えてしまうのは、エネルギーロスが大き過ぎてスマートではない。**

「電気には電気にしかできないことをお願いしましょう！」

この私の声を、ぜひ肝に銘じていただきたいと願う。

電気エネルギーの真骨頂は、「照明」と「電動機」としての利用である。

それに代わりのないエアコンの冷房使用と冷蔵庫、女性には必需品であろうドライヤーは、例外的に電気でいいだろう。

電気には電気にしかできないことをお願いするという観点から、電気使用はNGとしたい主な電化製品は左の図のとおりだ。

この他にも、電気ストーブや電気マット、電気毛布などもエネルギーロスが大きいので使用は控えていただきたいと思う。

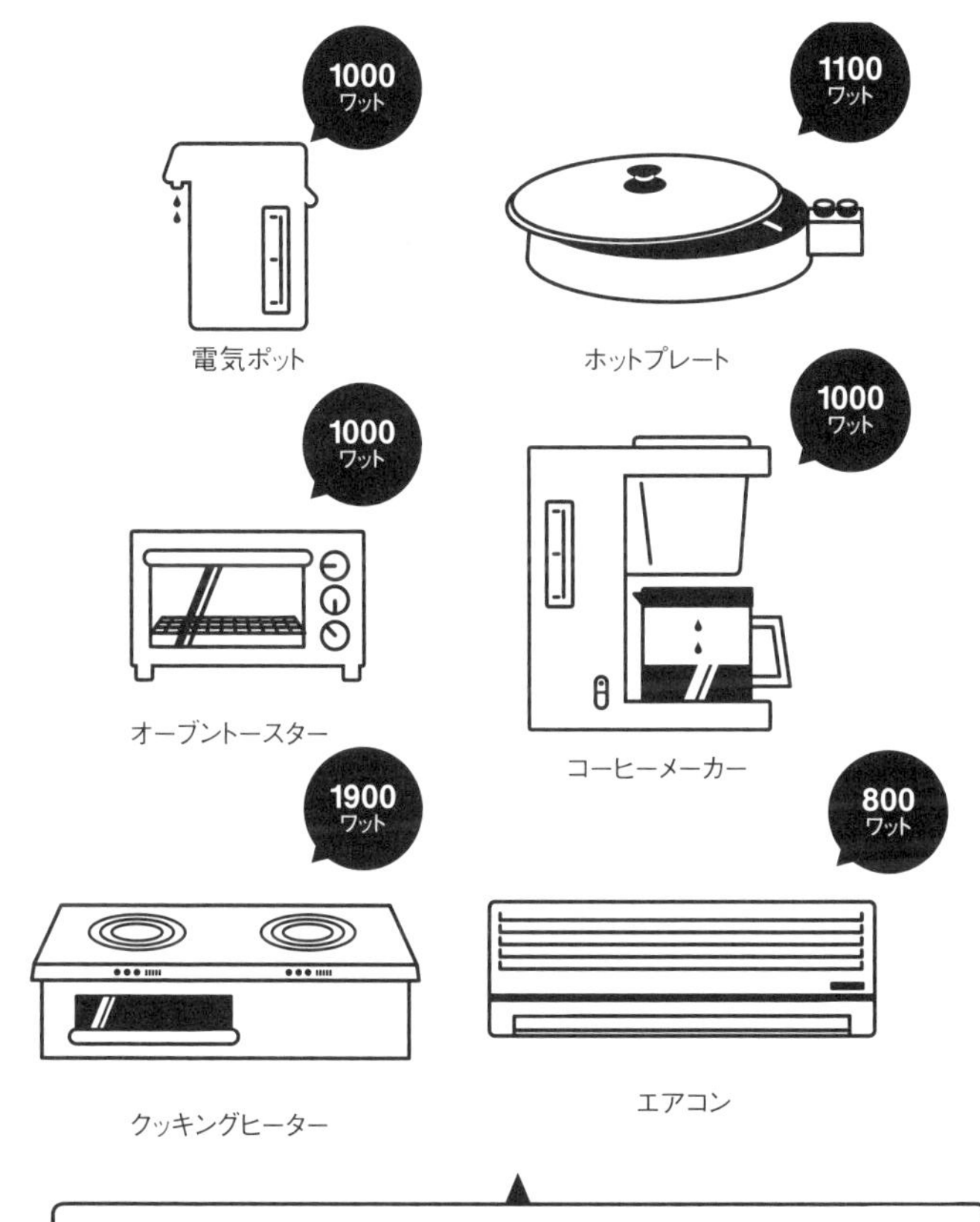

熱エネルギーからせっかくつくった電気を再び熱に戻すのはスマートではない

調理でいえば、**電気の火力でつくるよりもガス火でつくるほうが料理の味は美味しく仕上がる。**

両親が料理人であったこともあり、私も料理が好きだ。

私はごはんを薪ストーブの火で炊くが、最近は電気炊飯器ではなく、土鍋や圧力鍋などを使ってガス火でごはんを炊く人が増えてきた。

別にその人たちは反原発の考えからそうしているのではなく、単純にそのほうが美味しくごはんが炊けるからだろう。

私は、電子レンジも使わない。

ビールの肴として、コンビニで冷凍シュウマイを買うことがあるが、

「シュウマイは温めますか？」

と店員に聞かれても断り、自宅で蒸して温めるようにしている。

その理由のひとつは、マイクロ波で水分子を高速で振動させることで摩擦熱を生じさせて食べ物を温めるという方法が好きになれないからだ。

真実のほどは確かめていないのだが、人間が代謝できないアミノ酸が生成される

という説もあって、どうにも気持ちよく食べられないのだ。

もうひとつの理由は、単純にシュウマイは蒸気で蒸したほうが美味しいからである。

温めなおすにせよ、だ。

我が家には蒸籠（せいろ）の準備はないが、小鍋と金属性のざる、それに小皿があれば蒸すことはできるし、さして難しいことではない。

電子レンジは、消費電力も大きいので使わないに越したことはないだろう。

もちろん、**火の気が心配となるお年寄りの家では、オール電化でもいい**とは思う。

しかし、最近のガスレンジは火を消し忘れても、高温になり過ぎると自動的に消火するし、ガス漏れを起こすこともめったにない。

安全面においても、オール電化のキッチンに比べて、それほど危険であるとも思えない。

災害などで大規模停電になった場合のリスクヘッジという意味においても、オール電化はやめたほうがいいだろう。

◉反原発興国論の実践 その4　減電ライフをおくる

前述したとおり、原発再稼働を許してしまう心の奥底には、電気を無駄使いする生活習慣にどっぷり浸りきってしまった私たち日本人の奢りが沈殿している。

どんなエネルギーでも大切に、大事に使う意識を持つべきだ。

ここでは、貴重な電気エネルギーを大切に、大事に使うノウハウを紹介しよう。

減電ライフのコツ ①無駄な待機電力を切る

エネルギーロスが発生しているのは、電気エネルギーを熱エネルギーに変換するときだけではない。

無駄な電力の垂れ流しも立派なエネルギーロスだ。

私は自ら構築した太陽光発電システムを希望する人の家に設置する仕事を生業にしているが、最初の業務は「電気の無駄な使用を止める」アドバイスをすることだ。

多くの家庭にお邪魔して、それぞれの電気の使い方を見てきたが、**ほとんどの家**

庭で電気は垂れ流され、無駄に使われているのが現状なのである。

電気の垂れ流しの筆頭格は「待機電力」である。

たとえば、液晶テレビだ。

ほとんどの家庭では、テレビの主電源は24時間入ったままだ。

みなさんの家庭は、いかがだろうか？

私は「ワットチェッカー」という機器を使って、使用中の電化製品の消費電力量を測っているのだが、液晶テレビの待機電力はおよそ20ワットアワーである。

たとえば、睡眠時間が8時間だと仮定する。

液晶テレビの待機電源を入れっぱなしにして眠っていると、1日160ワットアワーの電気エネルギーを垂れ流し続けることとなり、30日では4・8キロワットアワーも消費してしまう。

この4・8キロワットアワーの電力は、まったくの無駄だ。

電気料金で考えてみよう。

２０１９年現在の大手電力10社の**1キロワットアワーあたりの単価20～28円で計算すると、1カ月で96～120円程度の電力を無駄に垂れ流していることになる。**

就寝中の時間に限っても、この結果なのだから、

「観ないときは、テレビの主電源を切る」

ということを実践すれば、さらに無駄な電力の垂れ流しはなくなり、みなさんの家庭の消費電力量はもっとスマートにできるはずだ。

もちろん、録画予約機能のために待機電力が必要なＤＶＤプレイヤーまで切る必要はないので、テレビの主電源だけでも切る習慣を身につけてほしい。

その他、インターネット用のルーターなども使わないときは主電源を切ろう。温水洗浄便座やシャワートイレの主電源も、便座や水を温める必要のない夏場の就寝中は切ったほうがよいはずだ。また、浄水槽のブロワ（水の汚れを浄化する設備）は自エネ組（53ページ参照）の仲間が確認したところ、24時間タイマーを設置すれば1日12時間程度の稼働で十分で、実験では8時間の稼働で水質に問題がないことも確認した。

ムダな待機電力は切ろう!

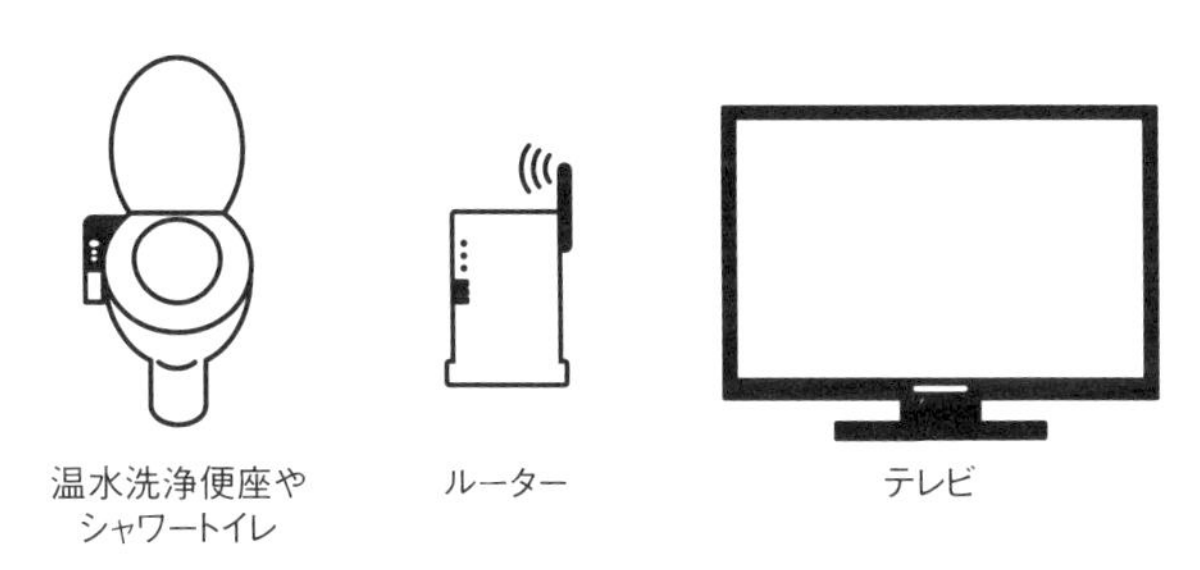

待機電力がまったくムダになるテレビとルーター。温水洗浄便座やシャワートイレは夏場の就寝中はオフがおすすめ。

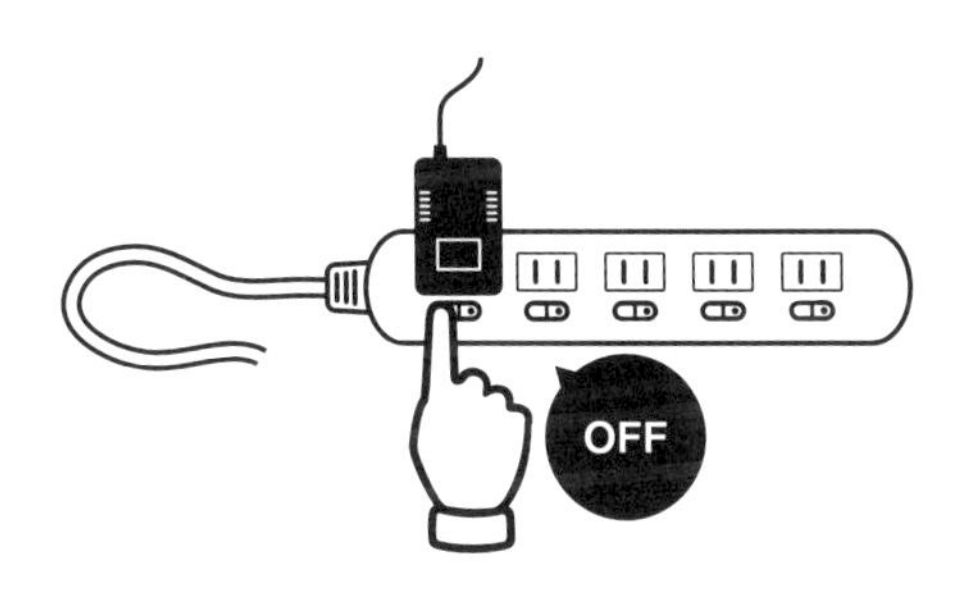

スイッチ付きのたこ足を使うと、ムダな待機電力を面倒なくオンオフできる。

無駄な待機電力による電気エネルギーの垂れ流しは、いますぐやめよう

減電ライフのコツ　②冷蔵室は密を避ける&冷凍室は密にする

冷凍冷蔵庫は、それぞれのスペースにおける食材の密集度によって、消費電力に差が出ることを知っておいてほしい。

いま風の言葉でいえば、**冷蔵室は「密を避ける」、冷凍室は「密にする」のが消費電力を抑えるコツ**だ。

つまり、**冷蔵室の中には食品を詰め過ぎず、なるべくすっきりスカスカにし、逆に冷凍室には凍った食品をぎっしりめに詰めてキツキツ**にすればよい。

冷蔵室は、温度計近辺の温度が高くなるとコンプレッサーが自動的に働いて冷却しようとするため、室内の冷気の流れをスムーズにすることで、温度計の近くの温度を低く保つように心がけよう。

冷蔵室内の基本的なレイアウトは、**食品は中央に集めて、壁側に冷気の通り道をつくる**とよいので参考にしてほしい。

冷凍室の室内は、**凍ったもので満たすと電力が抑えられるので、とり出しにくくならない程度に凍った食品や保冷剤を詰めておく**とよいだろう。

冷蔵室スカスカ、冷凍室キツキツの法則

冷蔵室は、食材を中央に集めて、冷気が通る壁側と天井側をあける。詰め込み過ぎず、なるべくスカスカにするとよい。

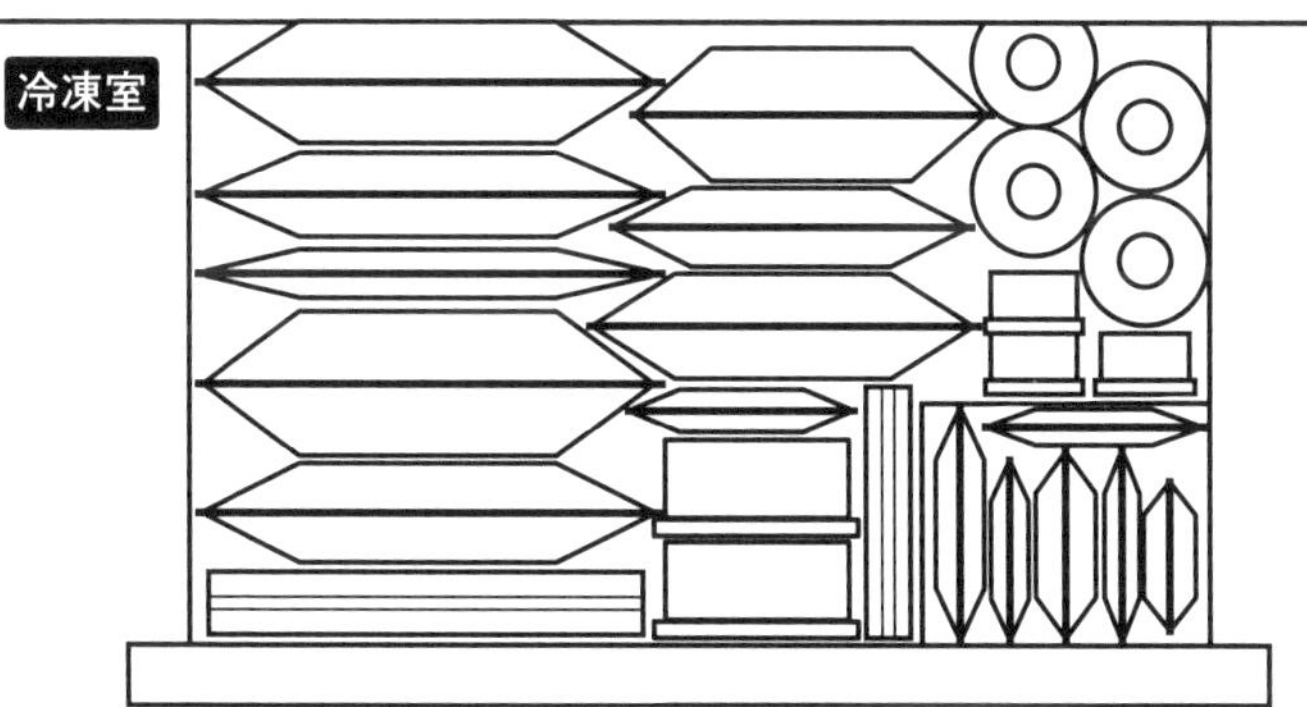

冷凍室は、凍ったものでキツキツに詰め込んだ状態にするとよい。すき間は保冷剤を入れておくと、便利である。

冷蔵室をスカスカにするだけで
60ワットアワー程度の減電ができる

減電ライフのコツ ③照明はLEDにする

２０１６年に内閣府が発表した「地球温暖化対策に関する世論調査」によると、ほぼすべての照明がＬＥＤである世帯は約14％、半分以上の照明がＬＥＤである世帯も同様に約14％となっている。

また、半分以上の照明がＬＥＤでない世帯は約54％もあり、その中にはほぼすべての照明がＬＥＤでない世帯が約19％も含まれている。

この世論調査後の5年間でどうなったかは気になるところではあるが、案外ＬＥＤの普及は進んでいないようだ。

ＬＥＤは、電球そのものがやや高価であり、光源が強い割に発光面積が狭いことで、室内で反射しにくく、部屋が暗く感じるのがデメリットだが、消費電力を低く抑えるためには大変優れている。

左の図解のとおり、同じ明るさで比較した場合、消費電力量は白熱電球が54ワットアワー、ＬＥＤが6・5ワットアワーだから、**白熱電球からＬＥＤに換えるだけで約88％も減電できる**ことになる。

電球型蛍光灯の12ワットアワーと比較しても、消費電力量をほぼ半減できるのだ。

LEDと電球型蛍光灯、白熱電球の比較

	LED	電球型蛍光灯	白熱電球
外観			
平均価格	2500円	700円	130円
明るさ	60ワット相当	60ワット相当	60ワット
消費電力	6.5ワットアワー	12ワットアワー	54ワットアワー
寿命	約40000時間	約10000時間	約1000時間
40000時間使用した際の合計費用	8220円	13360円	52720円

【電気料金は1キロワットアワー22円、明るさは60ワット相当にて試算】

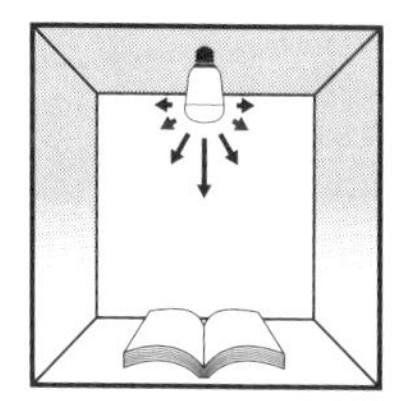

左図のように、LEDの光は方向によってその強さが異なるので、右図の白熱電球や電球型蛍光灯のように、均一に光を放射できない。そのままだと直下だけが明るく感じてしまうため、拡散性の高いカバーなどが有効。

消費電力量を抑えるためには、照明は絶対にLEDに換えたほうがいい

減電ライフのコツ ④洗濯は「お急ぎモード」にする

全自動洗濯機は「標準モード」で洗濯すると、洗濯〜すすぎ〜脱水まで40〜50分かかるものが少なくない。

短縮メニューの「お急ぎモード」では、だいたい20数分といったところだ。

一度実験してみたことがあるのだが、**「標準モード」でも「お急ぎモード」でも、結果はほとんど変わらない**ようだ。

泥や油などによる汚れがひどい場合を除けば、「お急ぎモード」で十分だろう。

私の家では、融通が利かない全自動洗濯機は使っておらず、いまでもあえて二槽式洗濯機を愛用している。

洗濯時間はだいたい3〜5分、すすぎは1回のみ、あとは脱水して干すだけで衣服は十分きれいになる。

また、干すスペースがなかったり、日当たりがよくない家に暮らしている人を除いて、**エネルギーロスの大きな乾燥機は極力使わない**ほうがよい。

減電ライフのコツ ⑤減電効果を実感する

減電ライフを楽しく続けるコツは、自らおこなった減電の効果を実感することだ。

減電の効果を実感する方法は、２つある。

ひとつめは、**電力会社から毎月送られてくる「電気ご使用量のお知らせ」という伝票をしっかりチェックする**ことだ。

これまで紹介してきたように、電気エネルギーを熱エネルギーに戻してしまう電化製品の使用をやめ、無駄な主電源を切り、冷凍冷蔵庫の中身を整理し、照明をＬＥＤに換え、洗濯は「お急ぎモード」に……などの**減電ライフを実践すると、その効果は「電気料金がガクンと下がる」という目に見える形で現れる**のだ。

「いくら安くなったかな？」

そんなふうに電力会社からの伝票を楽しめるようになれば、しめたもの。

あなたは、相当に減電できているはずだ。

電気料金を正確に比較するためには、前年の同月の伝票と見比べるのがベストなので、電力会社からの伝票はファイリングして保管することをおすすめしたい。

私の勧めで減電ライフを始めたふたり暮らしの知人宅では、無駄な待機電力をカットするだけで、ひと月の電気料金が1000円程度安くなったと驚いていた。

電気料金の比較は、ぜひおすすめしたい。

また、東京電力の場合、電気料金には**「三段階料金制度」**という各家庭の電気の使用量に応じて、料金単価に次のような格差をつける制度がある。

第1段階：「ナショナル・ミニマム」と呼ばれる最低生活水準を基本とした安い料金

第2段階：標準的な家庭の1カ月の消費電力量を踏まえた平均的な料金

第3段階：消費電力量が多い家庭に適用するやや割高な料金

それぞれ、第1段階はひと月あたりの消費電力量が120キロワットアワー未満の世帯、第2段階は120キロワットアワー以上〜300キロワットアワー未満の世帯、第3段階は300キロワットアワー以上の世帯に割り当てられる。

ひと月あたり120キロワットアワー、300キロワットアワーという2つの単価分岐ラインを下回るように目標を立てて、ひとつ下の段階を目指し、キープするように減電ライフをおくると楽しいと思う。

減電の効果を実感するふたつめの方法は、**消費電力が数値でわかる「ワットチェッカー」を使用する**ことだ。

あまり一般的な器具ではないが、家電量販店やインターネット通販で1000円台から購入できる。

「それぞれの家電がどの程度電気を食うのか？」

「冷蔵室の中身を整理するだけで、本当に消費電力は下がるのか？」

「LEDは本当にお得なのか？」

人の話を鵜呑みにするのではなく、ワットチェッカーを使って自分で測定してみるのは大変よいことなのでぜひおすすめしたい。

コンセントと家電との間に接続するだけなので、使い方はとても簡単だ。

「減電ライフがゲーム感覚で楽しめる」

という人も多いので、家中の電化製品の消費電力をどんどん計測してもらいたい。

◉反原発興国論の実践 その5

太陽光発電を活用して夢のオフグリッド生活へ……

左の図解のとおり、太陽光発電システムはとてもシンプルで、発電をする**「ソーラーパネル」**、余分な電力を熱で逃がして、過充電を回避する**「充放電コントローラー」**、電力をためる**「バッテリー」**、直流を交流に変換する**「インバーター」**をケーブルでつなぐだけでＯＫだ。また、**風力や水力による発電システムに必要な「回転体」を使わないため、故障が少ないのも大きな利点だ。**

我が家では、最大２４０ワットの電力を発電できるソーラーパネル９枚を庭と屋根に設置し、それを３系統に分けて自家発電システムを構築している。

バッテリーは高価で事故の多いリチウムイオンバッテリーではなく、車などに利用されている、**安くて安全性の高い鉛バッテリーを採用しているが、それも廃棄されたものをリビルト（再生）したものを使用**している。合計12～24個のバッテリーを備えており、６日間は充電しなくても普通に生活できる。

木村家の太陽光発電システム

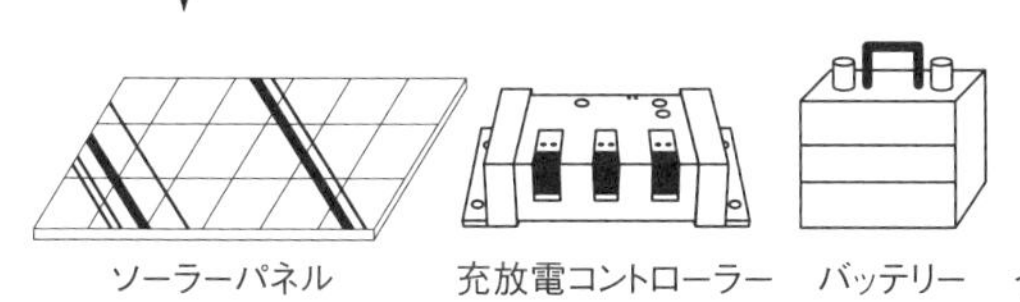

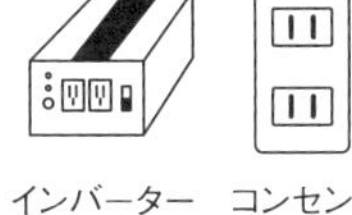

必要なものは、これだけ。ケーブルでつないで、陽がさせば、すぐに発電できてしまう。
バッテリーを構えて、電力会社の配電網から独立型にすることが大切。

風力や水力による発電と異なり、
回転体を使用しないため、故障が少ない

ただし、オフグリッドである我が家のように、最初からいきなり家庭で使う電力のすべてを太陽光発電システムに依存する形で導入することはおすすめしない。次のように４つの段階を順番にステップアップしていく形で、徐々に電力会社の電気からの独立度を高めていくとよいだろう。

ステップ１：ミニマムな太陽光発電システムを導入する
ステップ２：太陽光発電の比重を上げ、電力会社からの消費電力量を徐々に減らす
ステップ３：太陽光発電で全電力をまかない、電力会社からの電気は保険にする
ステップ４：電力会社の配電網から独立してオフグリッドにする

ステップ１のミニマムな太陽光発電システムであれば、初期費用は10万円程度で、その発電量は１００ワットアワーほどだから、試しに体験してみるにはいいと思う。これでもＬＥＤの電球を３～４つ灯しながら、スマートフォンを充電するぐらいの電力は十分にある。

太陽光発電システムを導入するときに大切なことは、太陽光発電で作った電力の

余った分を電力会社に売るようなシステムではなく、あくまで家庭内で使い切る独立型のシステムを構築することだ。

もちろん、無理にオフグリッドにしろと申し上げているのではない。

太陽光発電と電力会社の配電網をハイブリッドにしておいて、電力会社からの電気を自家発電による電力が不足した場合の保険として備えておくのは賢いやり方である。

しかし、**反原発、反原発再稼働の観点から、電力会社やその電力から自由でいるためには、余った電力を電力会社に売る形ではなく、家庭内で使い切る独立型のシステムをめざすべき**なのである。

太陽光発電システムを導入することで、ぜひ次の2つのことを実感してほしい。

「電気は、作った分だけ大事に使う」

「電気は電気にしかできないことをお願いする」

もちろん、**電気エネルギーだけではなく、すべてのエネルギーを大切に、大事に使う気持ちが重要であり、すべてである。**

いまあるエネルギーを大切にし、その限りあるエネルギー量に私たちの生活様式を合わせていくことができてこそ、初めて世界は変えられるのだと私は信じている。

あとがき

土佐清水に移住して10年になる。縁もゆかりもない土地であったが、いまでは集落の消防団の会計まで任されるようになったから、地元の信頼を得られているのだろうと思いたい。集落にはお年寄りが多く、みんな私より年上だからかわいがってくれるのもうれしい。こんな私のことを受け入れてくれて、本当に感謝しかない。

また、海の中でも土佐清水サーファー達のおおらかで温かい心にいつも癒されている。土佐清水は、本当に素晴らしいところだ。この地で、普段の私は太陽光発電システムの設備やメンテナンスなどを生業にして日々の糧を得ているのだが、ある日、ふと私自身が「小さな電力会社」となっていることに気づき、愉快な気持ちになった。電線は切っても、電気との縁は切れない人生のようだ。こんな「私」となるきっかけを作ってくれた風見家、大塚家のみなさん、自エネ組の仲間たち、また東京電力にも感謝を申し上げたい。また、出版する機会をいただいた駒草出版の浅香宏二さんと同社のみなさん、man·ic代表の西田貴史さんにもお礼を申し上げる。

3・11で、日本は変わる、日本人は変わると思った。私だけではなく、多くの人がそう思ったはずだ。しかし、この10年間を振り返ってみると、何も変わらなかったというしかない。原発周辺から避難していた人々は、徐々に追われた地へと戻りつつあるが、私は帰還することには悲観的だ。かの地に足を運べば誰しもわかることだが、除染した廃棄物が詰め込まれたフレコンバックを積み上げた集積場がいたるところにあって、あらぬことか、その周囲を壁で囲んで見えないようにしているのだ。もちろん、ドローンなどで上から覗けば、丸見えになっているはずだ。そんなところに人を住まわせるなんてあり得ない……と私は思う。かつての我が国のリーダーは、全世界に向けて、「フクシマの状況は、コントロール下にある」といったが、彼が保証する安全など誰が信じられるだろう。最近になって、帰還困難区域を除染しないまま解除するという話も聞こえてくる。まったくひどい話だ。

福島第一原発の地を、私は祈りの場にしなければならないと思う。私たちが犯した過ちを反省し、その過ちを二度とくり返さないことを誓い、ホピ族のように祀りながら、未来の人類へと語り継いでいくしかない。すべての人々がよろこびに満ちた世界で、平和で健やかに、安心して暮らせますように……。今日も、私は祈り続けている。

編集後記にかえて

木村俊雄さんの暮らしを垣間見て……

私が木村俊雄さんの存在を知ったのは、遅い夕食をとりながらテレビ朝日系列「報道ステーション」を観ていたのがきっかけでした。手元のメモによると、２０１２年４月３日放送の「原発再稼動 わたしはこう思う」という特集だったようです。

「福島第一原発の原子炉の運転を担当していた元東電社員で、いまは高知県で自給自足の生活をされている……」という女性アナウンサーによる木村さんの紹介を耳にし、私は思わず箸を止めてモニターに見入りました。

その中で木村さんは、本書でも触れている１９９１年に福島第一原発1号機で起こった海水漏洩事故で、非常用ディーゼル発電機が水没して機能を喪失したことに触れ、

「津波が来たら大変じゃないか。メルトダウンするのではないか」

と当時の上司に進言したときのエピソードを振り返っていました。

「そのとおりだ。鋭いよね」

そう木村さんを褒めたあと、その上司はこう続けたといいます。

「安全審査をやる裏方の中では、津波を過酷事故の中に盛り込むのはタブーなんだ」

当時の木村さんは、この上司の言葉を聞いて愕然としたと語っておられましたが、テレビを通じて伝え聞いた私もまた少なからずショックを受けました。

原発再稼働の是非に関して、原子力安全委員会はまだダメだと言っているのに、東京電力に手玉にとられているという規制側と政治家が一緒になって再稼働を可と判断しようとする背景を理路整然と解説した後、木村さんは次の一言で締めくくりました。

「理屈抜きに再稼働はあり得ない」

この放送を観て、私は率直にこう思ったのです。

『この人の言葉を本にしなければ！』


実際に私が木村さんとお会いできたのは、それから約2年半後……2014年9月1日のことでした。その間、私は木村さんに電話とメールで連絡をとり、アドバイスをいただきながら書籍企画を立てて、複数の出版社への持ち込みに勤しんでいました。

その結果、出版化が決まって木村さんへの取材が開始されたのです。その取材内容は『電気がなくても、人は死なない。』（洋泉社）という書籍となり、2015年3月に出版されました（洋泉社は、2020年2月に親会社の宝島社に吸収合併されて解散しています)。このときの取材が契機となり、また私の妻の実家が同じ高知県であることも手伝って、それからは仕事とは関係なく、土佐清水市の木村さんのご自宅に度々遊びに行かせていただくようになりました。編集後記にかえて……本書の最後に、私が垣間見た木村さんの暮らしぶりを少しだけ紹介させていただこうと思います。

本書のなかで、木村さんは電力会社から電気を買わずに、太陽光発電システムによる自家発電ですべての電力をつくりだして生活されているとおっしゃっていますが、すごいのはオフグリッドだけではありません。私が遊びにいくと、まず木村さんは「太陽光温水器」でつくった湯で風呂を入れ、入浴を勧めてくれます。文字どおり陽光で水を温めるシステムですが、ガスや電気で焚いた風呂と一味違い、とても肌に柔らかく、じんわりと芯から温まる感じがするから不思議です。

また、部屋の真ん中には、頼もしい存在感の薪ストーブが鎮座しています。木村さんは自ら山に入って伐採し、薪を割ってエネルギーを得ていて、肌寒い季節にはこの薪ストーブをガンガン焚いてもてなしてくれるのです。

「海の見える丘の上で薪割をしながら、(サーフィンの)波の様子を見るのが夢だった」

初めてお会いした日に、木村さんは現実となった夢をそんな風に話していたのも、印象的でした。木村さんは、料理の腕も玄人はだしです。トマトやきゅうりなど、採れたばかりの野菜と春若布を酢のものに……、炭火で鴨と白ねぎを焼いて実山椒入りの塩で……、〆には宗田節のだしと半田そうめんでにゅうめんを……等々、さりげなくもキラリと輝きのある献立をいつも趣のある器で供してくださいます。

本書の中で、木村さんはおじいさんのことを「古風な半ば武士のような人物だった」と伝え聞いているとお書きになられていますが、私から見れば木村さんの風貌も十分に侍のビジュアルであって、特に薪を割るときに柄の長い斧を振りかぶった瞬間など「腕に覚えのある野武士」そのものです。

風貌はおじいさんから、料理の腕はご両親から……ということかもしれません。

グレイトジャーニーの探検家・関野吉晴さんは、公開講座「地球永住計画」で対談されたことがきっかけで、そんな木村さんに共感され、その生き方と暮らしぶりをドキュメンタリー映画として現在制作中とのことです。

木村俊雄さんの一ファンとして、スクリーンを前にするのが楽しみでなりません。

出版プロデューサー　西田貴史

木村俊雄（きむら　としお）

1964年秋田県生まれ。元東京電力福島第一原発エンジニア。東電学園高等部を卒業後、東京電力に入社。福島第一原子力発電所では、原子炉の燃料設計やプラントの運転管理、各種検査などを長きにわたって担当する。在職中に原発の危険性に気づき、2000年に退職するとともに反原発運動の旗手となる。2005年1月に発行されたミニコミ誌上にて、福島第一原発が津波の来襲を受けた場合、非常用を含めて全電源を喪失し、メルトダウンを引き起こす可能性に言及していたことで、「福島第一原発事故を予見した唯一の人物」として、国内外のメディアから一躍注目を集める存在となる。事故後に高知県土佐清水市に移住し、オフグリッド生活を実践しながら、原発再稼働の危険性に警鐘を鳴らし続けている。著書に『電気がなくても、人は死なない。元東電原子炉設計者が教える愉しい「減電ライフ」』（洋泉社）がある。

原発亡国論　3・11と東京電力と私

二〇二一年　三月一一日　初版発行

著　者　木村俊雄

発行者　井上　弘治

発行所　**駒草出版**　株式会社ダンク　出版事業部

〒一一〇－〇〇一六
東京都台東区台東一－七－一　邦洋秋葉原ビル二階
TEL　〇三（三八三四）九〇八七
FAX　〇三（三八三四）四五〇八
https://www.komakusa-pub.jp/

印刷・製本　シナノ印刷株式会社

企画・プロデュース　西田貴史（manic）
装丁・デザイン　松田　剛（東京一〇〇ミリバールスタジオ）

落丁・乱丁本はお取り替えいたします。
定価はカバーに表示してあります。

ISBN978-4-909646-38-5 C0036